水生态保护
与产业融合发展试点研究

邓振贵 王荣华 唐 彦 申晓敏◎著

光明日报出版社

图书在版编目（CIP）数据

水生态保护与产业融合发展试点研究 / 邓振贵等著 .
北京：光明日报出版社，2024.8. -- ISBN 978 - 7 - 5194 -
8250 - 3

Ⅰ. X143

中国国家版本馆 CIP 数据核字第 2024YM4316 号

水生态保护与产业融合发展试点研究
SHUISHENGTAI BAOHU YU CHANYE RONGHE FAZHAN SHIDIAN YANJIU

著　　者：邓振贵　王荣华　唐　彦　申晓敏

责任编辑：李　晶　　　　　　　责任校对：郭玫君　李学敏
封面设计：中联华文　　　　　　责任印制：曹　净

出版发行：光明日报出版社

地　　址：北京市西城区永安路 106 号，100050

电　　话：010-63169890（咨询），010-63131930（邮购）

传　　真：010-63131930

网　　址：http://book.gmw.cn

E - mail：gmrbcbs@gmw.cn

法律顾问：北京市兰台律师事务所龚柳方律师

印　　刷：三河市华东印刷有限公司

装　　订：三河市华东印刷有限公司

本书如有破损、缺页、装订错误，请与本社联系调换，电话：010-63131930

开　　本：170mm×240mm

字　　数：150 千字　　　　　　印　　张：12.5

版　　次：2025 年 5 月第 1 版　　印　　次：2025 年 5 月第 1 次印刷

书　　号：ISBN 978 - 7 - 5194 - 8250 - 3

定　　价：85.00 元

前　言

桂林市拥有得天独厚的山水生态景观资源，享有"山水甲天下"的美誉，是国际旅游城市、国家历史文化名城和区域性中心城市，正努力打造世界级旅游城市、宜居城市。

2021年4月25日至26日，中共中央总书记习近平在桂林考察漓江，他指出，桂林山水甲天下，天生丽质，绿水青山，是大自然赐予中华民族的一块宝地，一定要呵护好。要坚持以人民为中心，提高服务质量，提升格调品位，努力打造世界级旅游城市、宜居城市。为了响应习近平总书记的号召，桂林经开区罗汉果小镇水生态环境治理与产业融合发展EOD试点项目筹划实施，本书系统梳理水生态环境保护与绿色产业高质量发展试点研究的做法及实践效果，以期为保障当地经济社会高质量发展提供有效支撑。

试点范围为桂林经开区青龙湖—凤鸣湖—洛清江生态廊道区域，总面积约930公顷（包含罗汉果特色小镇298公顷）。经开区是桂林最核心的工业园区，已被列入国家级开发区培育名单，是未来桂林重振工业雄风的主战场。本书将"青龙湖—凤鸣湖—洛清江"水系生态廊道修复与桂林优势特色的罗汉果产业发展相融合，形成具有桂林特色的"水—果"型高质量发展模式，主要研究内容为：

1. 对"青龙湖—凤鸣湖—洛清江"水系生态廊道进行调研，找出问题及原因，明晰水系生态廊道修复目标、任务及方案；

2. 建立以生态账户体系为基础的创新型生态补偿模式。以政府主导建立生态账户规则及制度体系，主要包括生态积分评估、交易、管理和监督等规则体系和平台。该模式避免了直接的货币补偿，取而代之的是直接的生态环境保护修复措施补偿，并以生态积分进行衡量，从而创新生态补偿模式。

3. 评估罗汉果全产业链生态积分影响状况，延伸罗汉果特色产业链，促进"两山"相互转化。通过对罗汉果全产业链过程中的生态积分影响评估，反向促使罗汉果产业朝向生态友好、绿色低碳方向发展，尽可能降低生态环境影响，实现罗汉果一产、二产、三产实现生态绿色化；通过一产过程中的有机种植、生物多样性提升及水土保持等功能，评估生态积分增量，实现生态价值产业化。进而推动罗汉果产业链中的"两山"相互转化。

4. 实施水系生态廊道修复和罗汉果特色小镇发展一体化。在项目实施过程中，将罗汉果产业开发项目过程中的休闲观光农业、文化旅游项目、罗汉果产业加工及配套同生态环境作为一个整体项目，将公益性较强、收益性较差的生态环境项目与收益性较好的产业项目整体实施、统筹推进，作为一个项目进行成本和效益的测算，每个项目之间仍然是以生态账户平台进行相互关联的。

5. 总结"青龙湖—凤鸣湖—洛清江"水系生态廊道修复与桂林优

势特色的罗汉果产业发展相融合的经验，形成具有桂林特色的"水—果"型高质量发展模式。

本书系统梳理水生态环境保护与绿色产业高质量发展研究的做法及实践效果，为保障经济社会高质量发展提供有效支撑。

本书的预期收益主要为模式创新效益、生态环境效益、社会效益及经济效益。

1. 模式创新效益：本项目创新引入生态账户（Eco-Account）模式，通过制定一系列有关生态账户的注册、评估、管理、交易和监督的相关规则，实现"污染者付费"的新生态补偿模式。在需求端，通过生态账户模式创造生态积分需求；而在供给端则通过实实在在的生态修复措施实现生态积分供给，比如，植被修复、湿地修复、水质改善、海绵城市建设、乡村环境综合治理等，从而实现产业资本对生态环境的反哺。该模式将为政府、企业和社会提供一个全新的、更有生态意义的产业补偿生态的新模式，更有利于鼓励社会资本参与生态环境修复事业。

2. 生态环境效益：片区级生态廊道得以打通，形成经开区主要绿地系统网络，河湖水质环境得到改善、满足Ⅲ类标准，形成两处城市级湿地生态核心，生物多样性得到提高；改善和提升生态系统网络，形成水质清洁、生物多样、植被覆盖率较高而且连续的生态廊道。主要生态环境效益可以概括为以下5方面：（1）维持水质稳定，实现Ⅲ类水质标准；（2）实现长约9.5千米生态廊道贯通，修复两大城市湿地生态核心，使生物多样性水平显著提高；（3）增强雨洪调蓄能力，提升城市韧性，区域内涝调蓄能力提高至50年一遇标准；（4）城市生态景观服务价值得到显著提升，临近湖区（1000m 范围）面积达到 20 平方千米；（5）扩大近 10 万亩罗汉果种植面积，提高林草覆盖率，并通过技术改进提高绿色有机种植技术，减少面源污染及水土流失。

3. 社会效益：显著改善城市生态环境面貌，增加产业发展吸引力，推动乡村振兴，实现共同富裕，推动形成 500 亿元级的特色产业集群，形成桂林市新的经济增长极。推进乡村振兴。通过村落环境的综合整治和融合发展，改善人居环境，保障群众安居乐业，提升村民宜居度和生活质量与幸福指数。改善城市生态环境面貌，践行永续发展理念。通过项目实施，改善水生态环境，提高了人民群众的获得感、幸福感、安全感。推动"三农"社会问题解决，实现共同富裕。

4. 经济效益：推动经济产业发展，培育新的经济增长极。主要经济效益有：带动项目区周边土地增值、带动经开区的招商引资、带动罗汉果产业的进一步发展、促进生态旅游康养产业发展。产业经营预期年收益将达到 46484.00 万元，每年可提取 10472.60 万元反哺生态环境持续改善，保障罗汉果小镇生态产业与生态环境良性循环发展。项目实施带动罗汉果加工产能提升，带动周边县区罗汉果种植面积达到 27 万亩，亩产 1.2 万个果，产果总量达 32.4 亿个，预计可带动产业人口约 2 万人，年产值 500 亿元以上。有助于巩固拓展脱贫攻坚成果，推进乡村振兴，促进社会和谐发展。

目 录
CONTENTS

第一章

综合说明

一、试点区范围

项目实施主体单位为桂林经开投资控股有限公司。试点区域范围为桂林经开区青龙湖—凤鸣湖—洛清江生态廊道区域，总面积约930公顷（包含罗汉果特色小镇298公顷）。试点区范围主要包含湖泊水系、生态绿地、防护绿地、产业用地以及村庄用地等。

二、试点区区位

青龙湖—凤鸣湖—洛清江生态廊道位于桂林市经开区，穿过罗汉果特色小镇，由青龙湖、凤鸣湖及其连接河道和周边绿地系统共同组成，该廊道是区域级生态廊道和经开区重要生态基础设施，也是经开区核心生态景观空间。

罗汉果特色小镇是一个以罗汉果特色产业为主导的，集罗汉果育苗、种植、加工、研发、销售（电商）、体验、休闲饮食于一身的特色产业小镇，建成后可形成年产值超过 500 亿元的特色产业集群，是未来经开区产业发展的重心。

三、试点基础

（一）试点前环境问题

河湖水质不达标，滨水绿地系统不完善，村落及建设中的罗汉果小镇依然存在环境治理基础设施建设不到位等问题，整体上尚不能承载生态廊道功能、生态景观游憩功能。

1. 核心水体水质污染严重

青龙口水库（青龙湖）和老虎口水库（凤鸣湖）作为经开区重要的生态湿地核心，其水质中 COD 浓度和氨氮浓度均有上升趋势，一段时间内水体发黑发臭、COD 和总磷超标，甚至局部达到劣 V 类水质。

2. 污水处理厂尾水水质标准较低

现有污水处理厂运行标准为一级 B 标准，尚未达到一级 A 标准，也无尾水深度净化设施，尾水水质不稳定，增加了河道水环境负担，不利于整体水生态系统的健康。

3. 生态廊道蓝绿系统不完善

生态廊道内部应用的滨水绿地生态系统结构不完善，不连续且品质较差，无法承担相应的生态栖息、生态廊道及生态游憩功能。

4. 开发区海绵城市系统不健全

罗汉果小镇及周边新开发建设区尚处于建设过程阶段，连续的海绵城市网络尚不健全，市政污水管道等配套设施仍然处于建设状态，为廊道内水系增加了污染压力。

5. 村落综合环境较差

该生态廊道内有两处村落，综合环境条件较差，存在养殖面源污染、缺少垃圾收集处理设施等问题，成为水质污染源之一。

（二）罗汉果小镇工作基础

罗汉果产业作为广西特色农业产业已经形成了产业聚集效应，在此基础上已经规划并申报成为罗汉果特色小镇，吸引了大量相关企业入驻，目前已初具雏形。

1. 罗汉果小镇是一个具有五百亿元产值潜力的特色小镇

罗汉果特色小镇是一个以罗汉果产业为主导，集罗汉果育苗、种植、加工、研发、销售（电商）、体验、休闲饮食于一身的产业集群小镇。其规划面积为2.98平方千米，包括生产制造区、产品展示交易区、创新创业研发区、生活配套区、休闲康养区、种植体验区六大功能区，建成后的特色小镇将形成年产值超过500亿元的综合特色产业小镇。

2. 罗汉果小镇已初具雏形

罗汉果小镇规划总投资约56.51亿元，其中已完成投资37.78亿元，包括部分医药产业园、食品加工园、罗汉果深加工园、人才公寓、交易中心、罗汉果展示馆、工人疗养院、国际学校等基础及配套设施项目。未完成项目有：养生度假区、民俗商业街、居住社区、邻里汇、滨水公园等项目及其配套设施以及罗汉果产业园等。

四、试点目标及预期产出

（一）工作目标

以经开区青龙湖—凤鸣湖—洛清江生态廊道治理修复为主要目标，依托罗汉果特色产业小镇发展为生态治理提供反哺支持，并在此基础上探索出一种适宜产业园区生态治理的全新 EOD 模式，实现模式创新——桂林经开区特有的"水—果" EOD 模式。

（二）预期产出

本项目围绕水系生态廊道治理及罗汉果特色产业小镇 EOD 项目，通过三年的探索实践，推动了产业经济绿色化、生态环境资源化，实现"政—企—民"互动良性循环发展。具体产出包括创新性模式、生态环境治理和社会及经济产出三大部分。

1. 创新性模式产出

本项目将创新性地引入生态账户（Eco-Account）模式，通过制定一系列有关生态账户的注册、评估、管理、交易和监督的相关规则，实现"污染者付费"的新的生态补偿模式。在需求端，通过生态账户模式创造生态积分需求；而在供给端则通过实实在在的生态修复措施实现生态积分供给，比如，植被修复、湿地修复、水质改善、海绵城市建设、乡村环境综合治理等，从而实现产业资本对生态环境的反哺。

2. 生态环境治理产出

项目实施后，经开区生态系统网络得到显著改善和提升，形成水质清洁、生物多样、植被覆盖率较高而且连续的区域级生态廊道。主要生态环境效益可以概括为以下 5 方面：（1）维持水质稳定，实现Ⅲ类水水质标准；（2）实现长约 9.5 千米的生态廊道贯通，修复两大城市湿地生态核心，使生物多样性水平显著提高；（3）增强雨洪调蓄能力，提升城市韧性，区域内涝调蓄能力提高至 50 年一遇标准；（4）城市生态景观服务价值得到显著提升，临近湖区（1000m 范围）面积达到 20 平方千米；（5）扩大近 10 万亩罗汉果种植面积，提高林草覆盖率，并通过技术改进提高绿色有机种植技术，减少面源污染及水土流失。

3. 社会及经济效益

显著改善城市生态环境面貌，践行永续发展理念。项目实施改善了水生态环境，提高了人民群众的获得感、幸福感、安全感，同时也是对《桂林市可持续发展规划（2017—2030）》中永续桂林理念的实践。

推动"三农"社会问题解决，实现共同富裕。项目实施带动罗汉果加工产能提升，带动周边县区罗汉果种植面积达到 27 万亩，亩产 1.2 万个果，产果总量达 32.4 亿个果，预计可带动产业人口约 2 万人，年产值 500 亿元以上。有助于巩固拓展脱贫攻坚成果，推进乡村振兴，促进社会和谐发展。

实现乡村振兴。在乡村振兴新形势下，村落环境的综合整治和融合发展，改善了人居环境，保障了群众安居乐业，提升了村民宜居度、生活质量与幸福指数。

推动经济产业发展，培育新的经济增长极。带动了项目区周边土地增值、经开区的招商引资以及罗汉果产业的进一步发展，促进了生态旅游康养产业发展。产业经营预期年收益将达到 46484.00 万元，每年可提取 10472.60 万元反哺生态环境持续改善，保障罗汉果小镇生态产业与生态环境良性循环发展。

五、试点内容与依托项目

（一）试点内容

按照 EOD 模式实施要义，主要试点内容有：

（1）建立以生态账户体系为基础的 EOD 模式。罗汉果产业开发项目与生态环境治理的有效融合，主要是通过发展罗汉果产业，推进罗汉果小镇内的青龙湖、凤鸣湖生态环境治理，推进污水处理厂提标改造和扩建以及污水管网等市政公用基础设施建设，推进镇内村庄治理和居住环境改善等方式进行的，同时，围绕生态账户体系，由政府主导建设一系列关于生态账户的评估、交易、监督等规则，创新 EOD 模式。

（2）评估罗汉果全产业链生态积分影响状况，延伸罗汉果特色产业链，促进"两山"相互转化。推动周边生态廊道生态环境综合治理，并反向促使产业经济朝向生态、绿色、低碳方向发展。通过罗汉果特色产业的统筹推进、一体化实施，可以带动罗汉果系列食品、医药、康养、文旅等环境敏感型产业发展，最终依托罗汉果种植、加工、研发、经营等关联产业实现经济收益，反哺生态环境治理投入，创新生态环境治理投融资渠道，促进"两山"相互转化。

（3）实现罗汉果产业开发项目与生态环境治理的有效融合。促进罗汉果小镇周边生态环境的修复，融合罗汉果产业特色小镇开发建设，实现产业促生态、生态助产业的良性循环。只有生态环境好了，产业才能发展得更好。

（4）采用一体化方式实施生态环境治理与罗汉果产业发展项目。在项目实施过程中，将罗汉果产业开发项目过程中的休闲观光农业、文化旅游项目、罗汉果产业加工及配套同生态环境作为一个整体项目，将公益性较强、收益性较差的生态环境项目与收益性较好的产业项目整体实施、统筹推进，作为一个项目进行成本和效益的测算。

（5）创建多主体的宣传方案。

（二）依托项目

依托项目为桂林经开区罗汉果小镇生态环境治理与产业发展 EOD 项目。主要涉及两大类：一是生态廊道修复相关的生态环境保护与修复类项目；二是罗汉果特色产业相关的产业开发类项目。两类项目均已完成可研批复、备案等立项工作。

1. 生态环境保护与修复项目类

以修复生态廊道为主要内容的生态修复项目，包括青龙湖、凤鸣湖两个湖泊湿地生态环境保护和修复工程、罗汉果文化展示水街工程、乡村振兴示范区工程等。

2. 产业开发项目类

主要有罗汉果产业生态园区建设、罗汉果小镇配套设施及市政公用设施工程等项目。

六、试点实施计划

本试点项目将公益性较强、收益性较差的生态环境治理项目与收益较好的关联产业一体化实施，实施主体为桂林经开投资控股有限公司一个市场主体。试点实施年限为2022—2024年。

2022年实施投资额100022.15万元，占34.72%。

2023年实施投资额138361.22万元，占48.03%。

2024年实施投资额49681.60万元，占17.25%。

七、投资估算与资金筹措

（一）投资估算

本项目总投资288064.97万元，其中项目工程费用219810.30万元（生态环境保护与修复项目123749.52万元，产业开发项目96060.78万元），工程建设其他费用33123.93万元（其中建设用地费6043.09万元），预备费 20234.74 万元，建设期贷款利息 14896.00 万元。总投资未包含引进企业投资。初步测算，该项目的实施可带动企业投资超 200 亿元，形成产值超 500 亿元。

（二）资金筹措

项目拟申请银行贷款 180000 万元，占总投资比例 62.49%；平台公司多渠道筹集 108064.97 万元（其中平台公司资本金 20064.97 万元，招商引资、PPP 等社会资本投资 68000 万元，政府产业发展专项补助和乡村振兴补助等资金 10000 万元，专项债 10000 万元），占总投资比例 37.51%。其中社会资本引入方式应依法依规采用招标等竞争性方式进行。

八、项目预期收益及资金平衡方案

本项目的预期收益主要为环境效益、社会效益、经济效益。环境效益和社会效益主要体现在生态环境的改善及其带来的人民群众获得的幸福感上。本项目直接收益主要是土地增值收益、厂房等出租收益、旅游康养收益等，经济效益评价指标较好。

项目所得税前投资财务净现值为 45623.17 万元，项目所得税后投资财务净现值为 11963.87 万元，均大于 0。本项目动态回收期为 12.18 年，少于 20 年，项目可行。项目所得税前财务内部收益率为 9.95%，项目所得税后财务内部收益率为 8.52%，均大于基准收益率 8%。从财务角度分析，本试点项目具有较强的抗风险能力，项目可行。

九、差异性分析

与传统的实施方式相比，试点在生态环境治理投融资机制、环境治理成效、推进路径和组织管理方式等方面有较大的差异性。主要体现在：制定产业发展与生态环境治理的相关管理的生态账户体系；强化生态环境治理与产业开发一体化理念；实现生态价值与产业经济深度融合；创新生态补偿模式；实施多组合、全过程质量管理运作模式；探索创新生态价值作为投融资模式，利用社会资本积极参与生态环境治理。

十、试点产出

本试点以桂林经开区青龙湖—凤鸣湖—洛清江生态廊道作为示范区，采取模式创新、产业链延伸、联合经营、组合开发等方式，推动公益性较强、收益性较差的生态环境治理项目与收益较好的关联产业有效融合与一体化实施，探索自然资源和经济发展的关系，以及自然资源变资产、资产变资本的生态价值市场化转化路径，最终实现"高生态价值、高产业价值、高附加值多轮驱动反哺生态环境治理"。

十一、试点组织实施

桂林经济技术开发区管理委员会作为政策主体，负责 EOD 项目政策支持和指导、跟踪实施效果、协调交流、成果宣传等工作，并承担相应的责任。

桂林经开投资控股有限责任公司作为实施主体，详见附件3：中共桂林经济技术开发区工作委员会办公室、桂林经济技术开发区管理委员会办公室关于印发《桂林经济技术开发区2022年重大项目建设实施方案》的通知（经办发〔2022〕1号），负责统筹调度EOD所有子项目规划、设计、投融资、建设管理、试生产、竣工验收、运营管护等工作，直至交付，并承担相应的责任。

为确保项目的顺利实施和按期完成，本项目将严格基本根据建设程序及相关法律法规的规定进行建设，确保项目的顺利实施。

第二章

试点区域基本概况

一、试点区范围与区位

（一）试点区范围

试点区域范围为桂林经开区青龙湖—凤鸣湖—洛清江生态廊道区域，总面积约930公顷（包含罗汉果特色小镇298公顷）。试点区范围主要包含湖泊水系、生态绿地、防护绿地、产业用地以及村庄用地等用地类型。

（二）试点区区位优势

1. 桂林市层面

桂林拥有得天独厚的山水生态景观资源。2018年2月，国务院（国函〔2018〕31号）批准了《桂林市可持续发展规划（2017—2030）》，确立以"景观资源可持续利用"为主题建设国家可持续发展议程创新

图 2-1　试点区范围及区位图

示范区。鉴于此，广西壮族自治区和桂林市提出了"保护漓江，发展临桂，再造一个新桂林"的总体发展思路，做出了"城市向西，工业向西"的战略部署。

广西作为"一带一路"有机衔接的重要门户，有着"一湾相挽十一国，良性互动东中西"的独特区位优势，拥有众多国家级开放平台，是面向东盟开放的前沿，政策叠加、优势明显、潜力巨大。借助国家循环化改造示范试点的契机，立足做大做强优势产业，注重抓好生态环境建设，全力打造"一带一路"资源高效循环化利用的工业示范点。

2. 经开区层面

经开区是桂林最核心的工业园区。2016年，市委、市政府整合永福县苏桥工业园、临桂宝山工业园、临桂秧塘工业园成立了桂林经济技术开发区，总面积约 142.7 平方千米，其东临桂林市世界级旅游城市建设核心区——临桂区，西接世界"长寿之乡"永福县。桂林经开区处于广西工业"一轴两廊"布局的重要位置，在泛北部湾和泛珠三角经济区、中国东盟自由贸易区处于重要位置，是桂林市承接东部产业转移和市区企业"退二进三"搬迁基地，是桂林市今后的工业基地，已被列入国家级开发区培育名单，是未来桂林重振工业雄风的主战场。

3. 试点区范围层面

试点区是区域重要生态廊道。试点区范围为经开区内仅次于洛清江生态廊道的另一条南北方向的生态廊道，是经开区内极其重要的绿地生态结构载体。经开区整体上为低山微丘地带，其中西部为西登山森林生态核心区，北部为狮子山水库湿地生态核心区，中部有洛清江穿过，其支流多为发源于西部低山区的东西向溪流。水系格局构成了经开区总体绿地系统的基础网络结构。

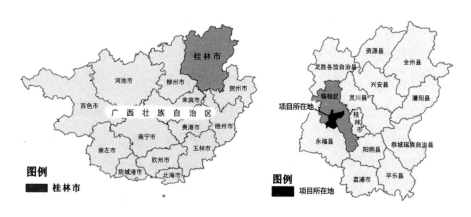

图 2-2　桂林经开区区位示意图

青龙湖及凤鸣湖是经开区生态基础设施核心。这两处湖泊湿地均为水库型湖泊湿地，周边均为城市建设用地，是经开区重要的生态栖息核心、生态服务核心和休闲游憩核心。两处湖泊湿地生态环境状况的好坏将直接反映经开区城市建设水平，并且对未来区域高端产业经济发展起到极为关键的核心生态基础设施的作用。

罗汉果特色小镇是未来经开区产业发展重心。罗汉果特色小镇是一个以罗汉果产业为主导，集罗汉果育苗、种植、加工、研发、销售（电商）、体验、休闲饮食于一身的产业集群小镇。其规划面积为 2.98 平方千米，包括生产制造区、产品展示交易区、创新创业研发区、生活配套区、休闲康养区、种植体验区六大功能区；总投资约 56.51 亿元，其中已完成投资 37.78 亿元，包括部分医药产业园、食品加工园、罗汉果深加工园、人才公寓、交易中心、罗汉果展示馆、工人疗养院、国际学校等基础及配套设施项目。未来三年重点投资的项目主要有养生度假区、民俗商业街、居住社区、邻里汇、滨水公园等项目及其配套设施，以及罗汉果产业园等。建成后的罗汉果特色小镇将形成年产值超过 500 亿元的特色产业集群，是未来经开区产业发展的重心。

二、经济社会发展概况

（一）经济概况

桂林经济技术开发区按照"一区多园，一园多中心"的发展模式，打造集工作、生活、娱乐等功能于一身的现代新城，作为桂林经济发展的新增长极。2020年经济数据：桂林经开区统计范围包含临桂区和永福县苏桥镇，共有规模以上工业企业88家，1—12月完成规模以上工业总产值193.85亿元，占全市总产值（823.24亿元）的23.55%。

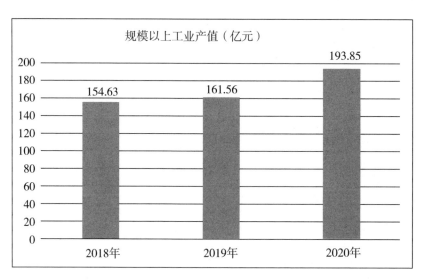

图2-3 桂林经开区2018—2020年规模以上企业年产值增加情况

自2016年3月25日挂牌成立以来，桂林经开区按照"强龙头、补链条、聚集群，抓创新、创品牌、拓市场"思路，着力培植"工业树"，打造"产业林"，重点发展先进装备制造、电子信息、生态食品、生物医药4个主导产业和橡胶制品、新材料2个辅助产业，先后引进了华为、比亚迪、深科技、广西汽车集团、香港溢达、德国阿尔芬凯斯勒等一批国内外500强行业龙头企业。

经过五年的发展，桂林经开区四大主导产业集群效应初步显现，形成以华为、深科技、领益智造、安科讯等为龙头，聚焦发展以大数据为基础的智能终端、云计算、物联网为重点的数字经济产业集群；以比亚迪、广西汽车集团、桂林福达等企业为龙头，聚焦发展新能源商用车和轨道交通产业集群；以桂林三金、四川科伦药业等企业为龙头，聚焦发展以中医药为特色、生物医药产业集群；以莱茵生物、千烨集团、三养胶麦、桂柳牧业等企业为龙头，聚焦发展以罗汉果、桂林米粉等地方特色农副产品加工为重点的健康食品产业集群，工业高质量发展基础进一步夯实。

（二）罗汉果特色产业

桂林市永福县是全球罗汉果最大的产地，被农业农村部命名为"中国罗汉果之乡"。桂林市永福县罗汉果产量占全世界产量的85%以上，是桂林的名优特产之一。每年种植罗汉果达6万亩，年产鲜果3万吨以上，产值5亿多元。罗汉果已成为桂北地区发展地方经济的重要产业，被广西确定为优势农产品重点发展。

1. 优势地方特色产业

近年来，广西壮族自治区人民政府高度重视罗汉果产业发展，把罗汉果产业作为地方优势特色产业纳入相关政策文件或发展规划，予以重点支持。2016年8月，《广西壮族自治区现代农业（种植业）发展"十三五"规划（2016—2020年）》（桂发改规划〔2016〕1104号）提出，要大力发展罗汉果等桂北特色优势道地中药材；2018年12月，在《广西农产品加工集聚区建设三年（2018—2020年）行动方案》（桂农业发〔2018〕281号）文件中，罗汉果加工集聚区得到了优先支持；2019年2月，广西壮族自治区人民政府在《广西壮族自治区人民政府关于加快推进广西现代特色农业高质量发展的指导意见》（桂政发〔2019〕7号）文件中，把罗汉果作为"提升打造中药材产业集群"的一个重要品种进行扶持。

图2-4 永福特色农产品——罗汉果

同时，广西壮族自治区人民政府在用地、财政、金融、人才、科技、品牌等方面也出台了一系列相关配套政策，支持罗汉果产业发展。相关的配套政策主要有：《广西壮族自治区人民政府办公厅印发关于建设广西罗汉果产业化工程院实施方案的通知》（桂政办发〔2012〕246号）、《广西壮族自治区人民政府办公厅关于印发贯彻落实创新驱动发展战略打造广西九张创新名片工作方案（2018—2020年）的通知》（桂政办发〔2018〕9号）、《广西壮族自治区人民政府办公厅关于公布第一批广西特色小镇培育名单的通知》（桂政办发〔2018〕28号）、《广西壮族自治区农产品加工集聚区建设标准（自治区级）（暂行）》

（桂农厅发〔2019〕255号）。

2. 全产业链体系初步形成

生产基地初具规模。近年来，在罗汉果龙头企业支持带动下，以农民专业合作社为主体的罗汉果种植基地规模和数量不断扩大，基地生产条件不断改善，成为罗汉果种植的主要形式。据统计，2019年广西罗汉果产业集群覆盖区域总种植面积为25.5万亩，种植基地面积为21.93万亩，占全产业种植面积的86%，其中示范性标准化种植基地面积为10.5万亩；有农民专业合作社115个，其中省级以上农民专业合作社示范社13个。

产业规模稳步扩大。近年来，广西罗汉果产业种植规模和加工营销均稳步增长。2019年，广西罗汉果产业集群罗汉果种植产量达到17.57万吨，种植业实现产值26.3亿元，加工业实现产值43.75亿元，第三产业实现产值11.15亿元，全行业实现总产值81.61亿元。

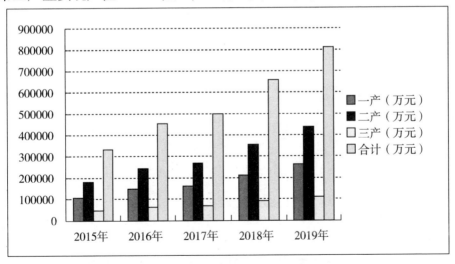

图 2-5　广西罗汉果产业集群 2015—2019 年总产值示意图

　　加工转化能力快速扩大。近年来，随着国内外消费者健康意识的提高，全球对罗汉果甜甙的需求量急剧增加，2011—2018 年，年需求量从 20 吨提高到近 150 吨。据统计，美国市场使用罗汉果甜味剂作为原料的产品数量在 2019 年达到 2000 多种。国外需求量的大幅增长，刺激了国内罗汉果的深加工市场，罗汉果加工企业如雨后春笋般冒出。2015 年广西还仅有 200 多家罗汉果加工企业，加工业产值不到 18 亿元；到 2019 年，已经形成桂林莱茵生物科技有限公司、桂林吉福思罗汉果有限公司、广西甙元植物制品有限公司等国家级和自治区级农业产业化重点龙头企业"顶天"，桂林千烨农产品有限公司、桂林亦元生现代生物技术有限公司、桂林实力科技有限公司等专门从事罗汉果加工生产的 1000 多家中小企业"立地"的发展格局。据不完全统计，2019 年广西罗汉果加工业设备原值近 20 亿元，罗汉果提取物、茶制品和健康品等品牌品种达 220 个，加工业总产值达到 43.8 亿元，4 年翻了一番。

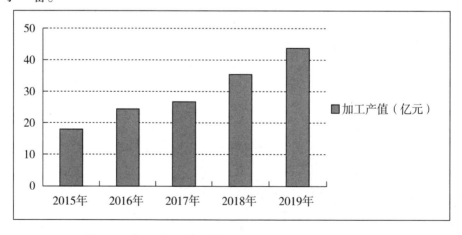

图 2-6　广西罗汉果产业集群 2015—2019 年加工业总产值

"罗汉果+"大健康产业空间巨大。近年来，随着人民群众健康意识的快速提高，罗汉果健康品特征和养生保健功效逐步被市场认可。吉福思、千烨、实力科技等龙头企业开发的罗汉果健康品越来越受到市场欢迎；桂林三金药业、桂林中族中药等医药企业产品中，广泛使用罗汉果作为重要的原材料，助力产品品质提高；桂林崇华中医街、桂林工人疗养院、桂林夕阳红养老中心康养企业（机构）也广泛使用罗汉果为消费者提供健康服务。

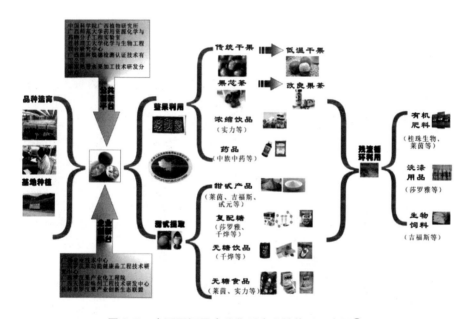

图 2-7 广西罗汉果产业集群产业链体系示意图①

全产业链体系初步形成。广西罗汉果产业经多年发展，已经初步形成了品种选育、基地种植、科技支撑、公共服务、整果利用、甜甙提取、加工转化、残渣循环利用、罗汉果+旅游、罗汉果电商和罗汉果

① 桂林经开区 2018 年《罗汉果产业开发特色小镇规划》。

冷链物流等环节的全产业链体系。

3. 一、二、三产融合发展的产业

未来产业规划产值来源主要有生产加工、研发及配套、旅游收入三部分，近期（2025年）总产值超100亿，远期超500亿元。

其中罗汉果的生产加工产业包含罗汉果深加工、罗汉果食品加工以及罗汉果医药制造三大门类，结合现有罗汉果产量、现状企业发展情况，以及未来罗汉果产业的发展趋势，生产加工产值预估可达到420亿元，是本项目经济发展的重要支柱。

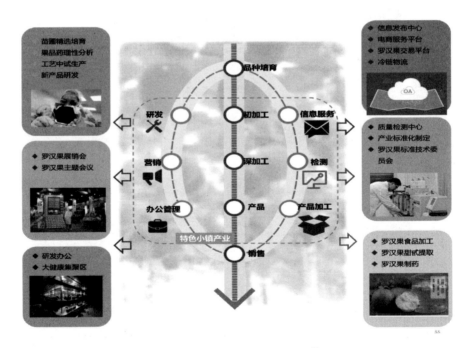

图 2-8　罗汉果产业规划分析图①

---

① 桂林经开区2018年《罗汉果产业开发特色小镇规划》。

研发及配套主要包括研发办公和综合配套两部分。研发办公主要是为了助推罗汉果的产业发展，未来形成一定的研发办公，打造研发外包、技术创新等经济的新动能。综合配套主要是统筹考虑居住、商业、专业市场、主题会议等多种配套功能，推动区域经济全面发展。未来研发及配套总产值约 19.01 亿元，提供就业岗位约 1.3 万个。

罗汉果特色小镇作为 3A 级旅游景区，未来将升级为 4A 级景区。以会议旅游、观光旅游和度假休闲旅游为主，旅游天数不超过 2 天，以 1 日游为主。旅游收入为 1.8 亿元~3 亿元。

第三章

试点基础

一、试点前主要环境问题

根据现场调查及监测结果，结合补充收集的资料分析，桂林经济技术开发区苏桥镇的环境现状和主要问题如下。

（一）大气环境问题

2020年现场监测共布设4个大气监测点位，监测点布置情况见表3-1。

根据监测结果，A1~A3点位甲醛均超标，甲醇、丙酮、NH_3、甲醛、非甲烷总烃、TVOC均达到《环境影响评价技术导则 大气环境》（HJ2.2-2018）附录D其他污染物空气质量浓度参考限值；非甲烷总烃均达到《大气污染物综合排放标准详解》（GB 16297-1996）标准限值；A4点位NH_3、TVOC、H_2S达到《环境影响评价技术导则 大气环境》（HJ2.2-2018）附录D其他污染物空气质量浓度参考限值；砷、六价铬达到《工业企业设计卫生标准》（TJ36-79）居住区大气中有害物质的最高容许浓度；汞、镉、铅达到《大气污染物综合排放标准详解》标准限值。

表 3-1 其他污染物补充监测点位和监测因子

编号	监测点名称	监测因子	监测时段	与园区位置关系
A1	官田	甲醇、丙酮、NH_3、甲醛、非甲烷总烃、TVOC		规划区内上风向
A2	石门村			规划区内下风向
A3	塘料村		2020 年 1 月	规划区中部
A4	白石坪	六价铬、NH_3、镉、铅、砷、汞、H_2S、TVOC		电镀静脉园下风向

A1~A3 距离园区企业较近，且园区企业较为集中，所以导致其空气环境中甲醛含量超标。

（二）地表水环境问题

1. 地表水市控断面质量

洛清江上潦潭断面为规划区北部边界，亦为永福县与临桂区交界处，为桂林市市控断面，下良村断面为规划区南部边界，为区控断面。根据桂林市生态环境局公布的 2020 年 1—12 月《永福县市控断面地表水水质分析评价报告》，潦潭断面水质现状如表 3-2 所示，下良村断面水质如表 3-3 所示。

表 3-2　2020 年 1—12 月洛清江潦潭断面水质监测结果

监测时间	监测断面	监测因子	监测结果	执行标准
2020 年 1 月	潦潭	水温、流量、电导率、pH 值、溶解氧、氨氮、高锰酸盐指数、五日生化需氧量、石油类、挥发酚、汞、铅、化学需氧量、总磷、总氮、氟化物、铜、锌、硒、镉、硫化物、砷、氰化物、六价铬、阴离子表面活性剂、粪大肠菌群	达标	《地表水环境质量标准》（GB3838-2002）Ⅲ类水质标准
2020 年 2 月			达标	
2020 年 3 月			达标	
2020 年 4 月			达标	
2020 年 5 月			达标	
2020 年 6 月			达标	
2020 年 7 月			达标	
2020 年 8 月			达标	
2020 年 9 月			达标	
2020 年 10 月			达标	
2020 年 11 月			达标	
2020 年 12 月			达标	

表 3-3　2020 年 1—12 月洛清江下良村断面水质监测结果

监测时间	监测断面	监测因子	监测结果	执行标准
2020 年 1 月	下良村	水温、流量、电导率、pH 值、溶解氧、氨氮、高锰酸盐指数、五日生化需氧量、石油类、挥发酚、汞、铅、化学需氧量、总磷、总氮、氟化物、铜、锌、硒、镉、硫化物、砷、氰化物、六价铬、阴离子表面活性剂、粪大肠菌群	达标	《地表水环境质量标准》（GB3838-2002）Ⅲ类水质标准
2020 年 2 月			达标	
2020 年 3 月			达标	
2020 年 4 月			达标	
2020 年 5 月			达标	
2020 年 6 月			达标	
2020 年 7 月			达标	
2020 年 8 月			达标	
2020 年 9 月			达标	
2020 年 10 月			达标	
2020 年 11 月			部分指标不达标	
2020 年 12 月			部分指标不达标	

由表 3-2 可知，潦潭断面的各项监测因子均达到《地表水环境质量标准》（GB3838-2002）Ⅲ类水质标准。由表 3-3 可知，下良村断面的部分监测因子在枯水季节未能达到《地表水环境质量标准》（GB3838-2002）Ⅲ类水质标准。

2. 地表水监测断面质量

2020 年监测共布设 12 个监测断面（如表 3-4 所示）。监测结果显示：黑石岭取水口和公路桥取水口地表水监测断面 TN 均超过《地表水环境质量标准》（GB3838-2002）Ⅱ类标准，其余监测因子均达标。其中镍达到《地表水环境质量标准》（GB3838-2002）中的《集中式生活饮用水地表水源地特定项目标准限值》限值要求。

表 3-4　地表水监测断面一览表

序号	名称	位置	布设依据	监测项目
W1	黑石岭取水口	洛清江	控制断面	水温、pH 值、DO、CODCr、CODMn、BOD5、氨氮、总磷、挥发酚、氟化物、硫化物、氰化物、铜、锌、铅、汞、六价铬、砷、镉、镍、石油类、阴离子表面活性剂、粪大肠菌群、SS 等共 25 项
W2	公路桥取水口	洛清江	控制断面	
W3	污水处理厂排污口下游	龙山塘河与洛清江汇合口处	控制断面	
W4	污水处理厂排污口上游	龙山塘河与支流汇合口下游	对照断面	
W5	相思江入苏桥断面	相思江	对照断面	
W6	相思江与洛清江汇合口上游 1600m	相思江	控制断面	
W7	相思江与洛清江汇合口下游	洛清江	控制断面	
W8	洛清江出苏桥断面	洛清江	控制断面	

续表

序号	名称	位置	布设依据	监测项目
W9	狮子口水库	坝首	控制断面	水温、pH 值、DO、COD_{Cr}、COD_{Mn}、BOD_5、氨氮、总磷、挥发酚、氟化物、硫化物、氰化物、铜、锌、铅、汞、六价铬、砷、镉、镍、石油类、阴离子表面活性剂、粪大肠菌群、SS、透明度、叶绿素 a 等共 27 项
W10	青龙口水库（青龙湖）	坝首	控制断面	
W11	老虎口水库（凤鸣湖）	坝首	控制断面	
W12	高峰水库	坝首	控制断面	

W3～W12 地表水监测断面 TN 均超过《地表水环境质量标准》（GB3838—2002）Ⅲ类标准。此外，W9 狮子口水库 COD_{Cr}、BOD_5 均超标；W10 青龙口水库（青龙湖）COD_{Cr} 超标；W11 老虎口水库（凤鸣湖）氨氮、COD_{Cr}、COD_{Mn}、BOD_5 均超标。W3～W12 地表水监测断面其余监测因子均达标，其中镍达到《地表水环境质量标准》（GB3838—2002）中的《集中式生活饮用水地表水源地特定项目标准限值》限值要求。

（1）青龙湖环境

青龙口水库（青龙湖）上游分布较多农田，受周边农田废水、畜禽养殖等影响，水中有机物增加，从而导致 COD_{Cr}、BOD_5 超标。湖体大部分区段为自然缓坡，岸边积累较多垃圾，杂草高低不一，景观效果较差，青龙湖周边环境多为农田，农药化肥等污染物随地表径流及灌溉排水大量流入湖体。根据《桂林市苏桥经济开发区（苏桥镇）总体规划（2009—2030）》，周边主要规划为工业用地，将会有新的污染物注入，加剧湖体污染状况。围绕湖体附近规划有居住区和商业区，也将对青龙湖水环境和安全提出更高的要求。

（2）凤鸣湖环境

老虎口水库（凤鸣湖）位于园区中部，周边均为村庄、企业，受到人畜粪便等生活废水、污水管网渗漏等影响，水质中有机物含量较高，从而导致老虎口水库（凤鸣湖）水体的氨氮、COD_{Cr}、COD_{Mn}、BOD_5超标，整体上凤鸣湖水体呈墨绿色，蓝绿藻暴发严重，透明度30厘米。湖体区域投放有鲢鳙鱼，部分区段因为暴发蓝绿藻，水体缺氧，导致鱼类死亡。湖体水体相对封闭，湖底淤泥较厚且污染严重，整体水环境较差，无明显可见的沉水植物和水生动物，水体生态系统不完善，水体自净能力较差。

（3）环境污染分析

综合项目区域水体现状、岸线及沿线环境情况以及区域范围内基本情况等分析，青龙湖及凤鸣湖存在的污染源大致分为以下三点。

①降雨、降尘污染

大气沉降对水体的污染不可避免。随着城市化的快速发展，大气污染日趋严重，根据相关研究表明，初期雨水中的磷浓度一般为0.038mg/L～0.250mg/L，氨氮浓度为0.11mg/L～4.90mg/L。降雨对不同粒径的颗粒物都有很高的去除率，普遍为50%以上。大气中的营养物质会随着降尘和降雨带入水体，降雨和降尘中含有的氮、磷浓度随地区特性不一样而变化，但其影响对大湖面水体而言也是不能被忽略的。降雨降尘污染源以面源污染的形式每年持续将主要富营养元素COD_{Cr}、氮、磷等带入水中溶解，从而进一步影响现有水质。

②地表径流污染

青龙湖上游为村庄、农田，凤鸣湖周边基本为农田、工业区。降雨形成的地表径流在流淌冲刷过程中融合了各种尘土、垃圾、畜禽粪便、油类和农田肥料、农药等污染物，直接流入湖体后将对项目水域造成一定污染，这样就会形成较大的面源污染。

③内源释放

青龙湖及凤鸣湖水体目前底泥厚度深约 1m，湖体常年承纳农田排水，污染物质进入水体后，沉降并富集在水底底质表层，为深层水的细菌、真菌、原生动物以及一些无脊椎动物提供了能量和食物，各种微生物的活动消耗氧气，造成水体缺氧，氮的转换不能完成，磷被大量释放，成为新的污染源。水体中生态系统不完善，缺乏自净能力，释放的内源污染物无法及时被消纳，长久积累影响水环境。

（三）地下水环境问题

监测点位和监测因子

2020 年现场监测共布设 6 个地下水监测点（如表 3-5 所示），根据监测结果，除大罗村地下水硫化物超出《地下水质量标准》（GB/T14848-2017）Ⅲ类标准，其余监测因子均达标；新立寨、龙山塘、石门村、白石坪、盘洞村地下水各监测因子均达到《地下水质量标准》（GB/T14848-2017）Ⅲ类标准。

表 3-5 地下水监测点位一览表

序号	名称	井深/m	备注
U1	新立寨	10	民井

序号	名称	井深/m	备注
U2	龙山塘	8	民井
U3	石门村	15	民井
U4	大罗村	30	民井
U5	白石坪	40	民井
U6	盘洞村	75	民井

（四）生态环境问题

1. 工业区土地利用情况

桂林经开区苏桥园区位于永福县苏桥镇，区域多为人类活动频繁的企业生产区域、建设用地以及村庄居住地，区域范围主要为农田、林地。

2. 植被现状调查

规划区域属亚热带季风气候区，原生植被为季风气候常绿阔叶林。但因规划区工业企业进驻，人为活动频繁，规划区已无原生植被，现有植被主要为旱生型草本植被、人工植被及矮小型灌木，乔木树种较少，草丛以禾本科白茅为优势种，间有狗尾草、茅叶荩草、地菍、飞蓬等，部分为桉树林用地。植被覆盖率较低。开发区内多种植砂糖橘，部分地区种植百香果。区域内未发现国家或自治区级野生重点保护植物。

3. 野生动物现状调查

开发区规划范围内人类开发历史久远，土地利用率较高，因长期受人类活动频繁影响，评价区域未见有大型野生动物，现存的野生动物主要为一些常见的鸟类、两栖类、爬行类、小型哺乳类等。

4. 水生生物调查

（1）鱼类

洛清江及其支流生物资源丰富，分布在江河、水库、塘堰等水域中的鱼类有90多种，分别隶属于七个目，十五个科，其中草鱼、鲤鱼、鲫鱼、鲇鱼、鳜鱼、鳢鱼、鲴鱼、鳊鱼、黄颡鱼、黄鳝、鳅、刀鳅等是主要经济鱼类。赤眼鳟、倒刺鲃、光倒刺鲃、鲶、盆鲇、斑鳠、大眼鳜、白甲鱼、江黄颡鱼等是有较高驯养价值的名优经济鱼品种。甲壳类的虾、蟹，软体动物的田螺、福寿螺、河蚌等，为水产养殖业的持续发展提供了丰富的种质资源和生物饲料资源。

（2）水生植物

水生植物的种类多、数量大，主要有莲、菰、荸荠、席草、慈姑、荆三棱、雨久花、金鱼藻、马来眼子菜、茨藻、小茨藻、角茨藻、轮叶黑藻、苦草、菹草、浮萍、满江红、喜旱莲子草等。

（3）浮游生物

浮游植物有黄藻、蓝藻、硅藻、金藻、甲藻、绿藻、裸藻等；浮游动物有原生动物、轮虫、枝角类、桡足类。

（4）底栖动物

底栖动物一般发育于有机质较丰富的河岸带，主要有摇蚊幼虫、水蚯蚓、螺蚬、蚌等，是鱼类的重要饵料生物。底栖动物的丰富度与底质状况、水文环境和水质状况有一定的联系。底栖动物一般生活于水体流速比较缓慢、透明度较高、有机质比较丰富而底质多为细小沙石和淤泥的水体中，因此，底栖动物多栖息或活动于靠近河岸边的水域，而在江中心数量则较少。评价区域内未发现国家重点保护动物。

二、主要行业经济和污染贡献率分析

（一）主要行业污染贡献率分析

分析开发区各个行业主要大气污染物贡献率和主要水污染物贡献率。主要大气污染物有颗粒物和 NO_x，主要水污染物为 COD 和氨氮。开发区内颗粒物排放主要来源于轻工类、建材类、化工类以及热电厂；NO_x、SO_2 排放主要来源于热电厂。

开发区内 COD 的排放主要来源于生物医药类和轻工类；氨氮的排放主要来源于化工类，其次为生物医药类。罗汉果产业链发展目前主要集中在罗汉果加工及生物医药类等环境敏感型产业，因此罗汉果产业发展是与水环境变化息息相关的（如表3-6所示）。

表3-6 开发区主要企业的主要水污染物排放情况一览表

所属行业	序号	企业名称	废水量	COD	氨氮
装备制造	1	桂林客车发展有限责任公司	47600	0.6238	0.007
	2	桂林比亚迪实业有限公司	68046	23.414	1.887
小计			115646	30.7561	2.5281
占比			4.81%	4.70%	0.61%

续表

所属行业	序号	企业名称	废水量	COD	氨氮
生物医药	3	广西科伦制药有限公司	299761.8	337.5	37.5
	4	桂林市华艺生物科技有限公司	36062	2.96	0.44
	5	桂林莎罗雅生物技术有限公司	20000	1.74	0.2
	6	桂林恒保健康防护有限公司	72972	16.83	0.58
小计			428795.8	400.5	41.703
占比			17.83%	61.15%	9.99%
橡胶	7	中国化工橡胶桂林轮胎有限公司（新桂轮）	39780	3.66	0.65
轻工	8	桂林奇峰纸业有限公司	1155000	62.37	0.434
小计			1194780	65.403	0.744
占比			49.68%	9.99%	0.18%
化工	9	广西昊旺生物科技有限公司	33300	1.3844	0.5762
	10	广西永福华源科技有限公司	632566	156.752	371.87
小计			665866	158.2864	372.4662
占比			27.69%	24.17%	89.23%
总计 （单位：t/a）			2405088	654.9455	417.4413

三、环境总体评价

（一）环境质量

（1）环境空气质量：根据监测成果及收集的资料分析，从总体上看，开发区的发展对该片区下风向的环境空气主要影响因子为 SO_2。

（2）地表水环境质量：根据监测成果及收集的资料分析，经开区企业排放的污水经污水处理厂处理后仍导致洛清江水质中 COD、SS 略微升高。周边青龙湖及凤鸣湖水体连通性差，部分水质指标超标。2020 年，开发区下游洛清江龙溪国控水质监测断面总磷时有超标，一方面，其上游桂林新区湖体水系水质总磷超标。另一方面，2018—2020 年，由于经开区范围内青龙湖和凤鸣湖周边村民大量养猪、养鱼、养鸡，部分废水未经处理流入湖中，一段时间造成水体发黑发臭，COD 和总磷超标，甚至局部达到劣 V 类水质，加上开发区企业排放的污水经污水处理厂处理后仍偶有指标超标现象。这些问题既造成洛清江国控水质断面出现超标，同时也严重污染青龙湖和凤鸣湖水环境，成为制约经开区发展的主要问题。

（3）地下水环境质量：开发区入园企业对区域地下水没有造成明显影响。

（二）水环境变化趋势

本方案收集了区域内建设项目环评报告、验收报告等资料，选取经开区污水处理厂排污口上、下游历年相同或相近监测断面的 COD 和氨氮最大监测数值，对历年洛清江苏桥段的水环境质量监测数据进行趋势分析；同时对比分析青龙口水库（青龙湖）和老虎口水库（凤鸣湖）2011 年和 2020 年的监测数据。具体见表 3-7、表 3-8、表 3-9。

表3-7　洛清江与龙山塘河汇合口处上游500米历年地表水主要污染物监测结果统计

监测年度	监测点位	最大监测值（mg/L）		数据来源
		COD	氨氮	
2018年6月	污水处理厂尾水汇入大溪河排口上游500米处	13	0.107	《桂林兴达药业银杏叶（中药）提取及制造中成药生产基地整体搬迁一期项目环境影响报告》
2019年4月	园区污水处理厂排污口上游500米处	13.5	0.238	《广西贰元植物制品有限公司罗汉果浓缩汁及其甜贰项目环境影响报告书》
2020年1月	园区污水处理厂排污口上游500米处	11	0.277	《广西科伦制药公司硫酸头孢匹罗等原料药、粉针剂生产项目（二期）环境影响评价报告书》

表3-8　洛清江与龙山塘河汇合口处下游500米历年地表水主要污染物监测结果统计

监测年度	监测点位	最大监测值（mg/L）		数据来源
		COD	氨氮	
2018年7月	园区污水处理厂排污口下游500米处	14.5	0.137	《广西兴城福铝业有限公司铝合金挤压型材生产项目环境影响报告书》
2019年4月	园区污水处理厂排污口下游500米处	10	0.185	《桂林客车发展有限责任公司年产25000辆中轻型客车搬迁改造项目涂装工艺变更环境影响报告》
2020年1月	园区污水处理厂排污口下游500米处	14	0.393	《广西科伦制药公司硫酸头孢匹罗等原料药、粉针剂生产项目（二期）环境影响评价报告书》

表 3-9 苏桥镇部分水库历年水体主要污染物监测结果统计

监测年度	监测点位	最大监测值（mg/L）		数据来源
		COD	氨氮	
2011 年 6 月	青龙口水库（青龙湖）	19.5	0.375	《桂林市苏桥经济开发区总体规划（2009—2030）环境影响报告书》
	老虎口水库（凤鸣湖）	<10	0.41	
2020 年 12 月	青龙口水库（青龙湖）	22	0.447	《桂林经济技术开发区（苏桥镇）总体规划（2018—2035）环境影响报告书》
	老虎口水库（凤鸣湖）	30	2.01	

根据表 3-7、表 3-8、表 3-9 可知，随着经开区的发展，经开区苏桥污水处理厂排污口上、下游 500 米（洛清江河段）处 COD 浓度变化不大；氨氮浓度变化整体呈现上升趋势；青龙口水库（青龙湖）和老虎口水库（凤鸣湖）水质中 COD 浓度和氨氮浓度均有所增加，呈现上升趋势，主要原因是受周边产业快速发展，倾倒生活污水、生活垃圾，畜禽养殖，农业面源污染等影响。由于青龙湖与凤鸣湖位于罗汉果小镇的核心区域，是附近居民的主要休闲娱乐场所，因此青龙湖与凤鸣湖水生态环境对罗汉果小镇发展起到至关重要的作用。

四、环境治理工作基础

（一）污水处理厂建设运行情况

桂林经开区苏桥污水处理厂于 2009 年 3 月获得了环评批复（市环

管表水电〔2009〕2 号），于 2016 年 9 月通过竣工环保验收（市环验〔2016〕27 号）。污水处理厂服务范围为整个苏桥片区的全部生活污水和工业废水，以及苏桥镇镇区的生活污水。一座污水处理厂每天能处理 2 万吨污水，总占地面积为 42960 平方米。建有提升泵房，粗、细格栅，CASS 池，综合办公楼，鼓风机房，污泥压滤机，污泥堆放场，变配电房，紫外线消毒，进、出水在线监控房。污水处理厂排水执行《城镇污水处理厂污染物排放标准》（GB18918-2002）一级 B 标准，近期正在进行提标改造，使出水达到一级 A 标准。同时，正在实施建设每天处理 1 万吨污水的污水处理厂尾水生态深度处理工程，出水拟达到地表水 IV 类水标准。

（二）市政管网建设运行情况

开发区内配套污水收集管网已基本覆盖开发区域，污水管网全长约 20 千米，中途提升泵站 2 座，但开发区发展历程较长，部分管网年久失修，造成污水漏损较严重。部分区域污水干管已经铺设，但污水支管建设和排水户纳管建设滞后、泵站与管网建设不同步等问题依然存在，部分管网管理不到位，存在跑、冒、滴、漏现象。苏桥镇城镇建成区和开发区建设区雨水管网覆盖率不足 50%，城镇建成区雨水管网建设滞后，存在的雨污混接、乱接等现象，导致雨污分流不彻底，部分道路为合流制排水系统；开发区部分道路建有雨水分流排水管网。雨水部分收集后通过管网，大片地区仍以自然散排方式排入洛清江及其支流。

（三）湖泊建设管理情况

罗汉果小镇规划范围主要湖泊有青龙湖和凤鸣湖。湖泊建设及除险加固情况如下。

青龙湖：位于永福县境内北面苏桥乡黑石岭村干河上，所在河流为洛清江干流上游段大溪河的支流，坝址位于东经110°00′59″，北纬25°08′02″，距永福县城14.5千米，湖泊总库容902.3万立方米，有效库容475.8万立方米。坝址以上集水面积26.2平方千米，主河道河长11.9千米，坡降12.0‰。1998年将溢洪道侧槽进口宽由原来的30米增加到45米。2006年11月对该库临时除险，主要内容为副坝加高培厚整治，2007年3月基本完工。2009—2010年对湖泊进行除险加固，主要建设内容包括主、副坝加固，溢洪道加固，放水设施改建等。

凤鸣湖：所在河流属洛清江干流上游段大溪河的支流垌陂河，坝址位于苏桥镇树桥村烟厂屯上侧，东经110°01′21″，北纬25°06′40″，湖泊总库容134.1万立方米，有效库容95.18万立方米。坝址以上集水面积1.59平方千米，主河道河长1.925千米，坡降4.8‰。在1986年根据防洪能力要求，加高大坝0.75米，溢洪道加宽3米，达到现有规模。2008年冬修建湖泊管理值班房。2011—2012年对湖泊进行除险加固，主要建设内容包括主坝加固、溢洪道加固、输水系统改造加固、防汛公路维修、完善湖泊安全监测设施及湖泊值班管理房等。

（四）河湖管理制度逐步完善

2017年4月永福县已完成全面推行河长制工作实施方案，围绕

"落实最严格的水资源管理制度、加强江河湖库水域岸线管理保护、加强水污染综合防治、加大水环境保护和治理、加大水生态保护与修复、加大执法监管提升监管效能"六大工作任务，建立行政区域与流域相结合的县、乡、村三级河长制组织体系，形成系统性网格化的江河湖库管理保护工作格局。

五、产业概况

为贯彻党中央、国务院关于推进特色小镇、小城镇建设的精神，落实《国民经济和社会发展第十三个五年规划纲要》关于加快发展特色镇的要求，住房和城乡建设部、国家发展改革委、财政部（以下简称三部委）决定在全国范围开展特色小镇培育工作，到 2020 年将培育 1000 个左右各具特色、富有活力的休闲旅游、商贸物流、现代制造、教育科技、传统文化、美丽宜居等特色小镇，引领带动全国小城镇建设，不断提高建设水平和发展质量。2016 年 10 月 8 日，《广西百镇建设示范工程实施方案》（桂建村镇〔2016〕63 号）出台，广西壮族自治区将统筹推进 100 个经济强镇、特色名镇、特色小镇建设，永福县苏桥镇名列第三批公布名单。

目前，桂林经开区已正式进入国家级开发区培育名单，被工信部列入全国第二批绿色园区名单，成为广西首家获此殊荣的园区，也是工信部授予的桂林唯一的双创特色载体试点。桂林经开区打造的罗汉果小镇被评为自治区特色产业小镇、创新小镇、旅游小镇，成为国家级 3A 级景区。2018—2020 年工业经济指标情况如下。

1. 2018 年工业经济数据

桂林经开区规模以上企业 1—12 月完成规模以上工业产值 154.63 亿元，占全市（1199.90 亿元）完成规模以上工业产值的 12.88%。其中临桂部分完成 100.84 亿元，苏桥部分完成 53.79 亿元。

2. 2019 年规模以上工业总产值完成情况

桂林经开区规模以上企业共 94 家，1—12 月完成规模以上工业产值 161.56 亿元，占全市（774.98 亿元）的 20.84%。其中临桂片区（含鲁山片区及飞地企业）完成 105.79 亿元，苏桥片区完成 55.77 亿元。

3. 2020 年规模以上工业总体发展情况

（1）基本情况：规模以上工业企业 88 家，1—12 月完成规模以上工业总产值 193.85 亿元，占全市（823.24 亿元）的 23.55%。

（2）主导行业拉动有所增强。统计范围内四大主导产业完成规模以上工业总产值 128.87 亿元，占园区规模以上产值的 66.48%。具体如下：先进装备制造产业累计完成规模以上产值 49.85 亿元；电子信息产业完成规模以上产值 36.15 亿元；生物制药产业累计完成规模以上产值 28.30 亿元；生态食品产业完成规模以上产值 14.57 亿元。

第四章

试点工作目标与预期产出

一、指导思想

桂林经济技术开发区随着经济的快速发展、入驻企业的增加，所伴生的环境污染问题也逐渐地凸显，对生态景观的要求也逐渐增高。

作为一个新兴的经济开发区，桂林经开区在建设初期就秉承着"将努力成为中国最绿色、最高效、最美丽的经开区，并以此吸引世界一流企业入驻"的建设理念，而水环境问题也是所有环境问题中最敏感、最突出、对人们生产生活影响最大的因素。因此在众多的环境问题中，解决水环境的突出问题就成为重中之重。

坚持习近平生态文明思想，尊重自然、顺应自然、保护自然，以生态保护和环境治理为基础，以生态工业为支撑，以罗汉果产业带动生态农业、生态旅游等发展，辐射全区生态建设，采取产业链延伸、联合经营、组合开发等方式，推动公益性较强、收益性较差的生态环境治理项目与收益较好的关联产业有效融合与一体化实施，基于经开区自身资源与桂林市优势资源关系，优化资源配置，把优势资源转化为发展优势、创新机制、完善制度。

基于以上指导思想，本项目拟以经开区青龙湖—凤鸣湖—洛清江水系生态廊道治理修复为主要目标，依托经开区收益性较好的罗汉果特色产业发展为生态治理提供反哺支持，推动此两者的融合一体化实施，并在此基础上探索出一种适宜于产业园区与生态治理融合的全新EOD模式，实现模式创新——桂林经开区特有的"水—果"EOD模式。

二、基本原则

秉承着"创新、协调、绿色、开放、共享"的指导原则，结合桂林经开区的实际情况与相关政策，拟定了以下七点基本原则：

抓住契机，精准定位；

因地制宜，突出特色；

市场主导，政策调控；

统筹兼顾，一体实施；

多方筹措，降低风险；

基于自然，绿色发展；

以水为魂，有序推进。

（一）抓住契机，精准定位

借助特色小镇绿色发展区契机和定位，深度链接联动发展轴，积极参与西部陆海新通道建设，加强与沿线城市、粤港澳大湾区以及"一带一路"沿线国家和地区的产业对接，构建通道与产业融合的高质量联动发展轴，通过辐射效应，把经开区四大主导产业、两大辅助产业与生态旅游、特色小镇融合起来，打造成生态带、文化带、健康养生带，深度带动一、二、三产融合，促进桂林工业实现跨越式发展。

（二）因地制宜，突出特色

结合桂林经开区特殊的区位优势，以及丰富的自然资源优势，以经开区特色品牌"四个一"，即"一部手机、一辆汽车、一条子午胎、一个罗汉果"为切入点，融合被评为自治区特色产业小镇、创新小镇、旅游小镇的罗汉果小镇，突出桂林经开区的特色产业、创新机制、生态旅游兼顾的本上特色。

（三）市场主导，政策调控

兼顾供给侧和需求侧，供给侧提供产品和服务，需求侧消费产品和服务，优化资源配置，激发绿色供应和绿色消费拉动力量，发挥市场主导、政府调控作用，依托循环经济、国内国际双循环以及区块链，有效融合供应链、产业链、生态价值链，筑链共进，实践有为政府和有效市场。

（四）统筹兼顾，一体实施

结合桂林经开区产业特点、突出的生态环境问题和优势产业，考虑时空范围将公益性较强、收益性较差的生态环境治理项目与收益较好的关联产业有效融合，统筹推进，一体化实施，建立产业收益反哺生态环境治理投入的良性机制。

（五）多方筹措，降低风险

充分用足用活政策，通过上级支持、招商引资、贷款等多渠道解决建设资金问题，做足资金风险防范预案，破解生态环境治理与资金需求的矛盾，促进资源和资本结合。

（六）基于自然，绿色发展

结合桂林市及桂林经开区优越的自然生态景观资源及庞大的旅游市场份额，以配套完善的工业、产业基础为切入点，构建基于自然的山水林田湖保护修复和适度开发的解决方案。

（七）以水为魂，有序推进

桂林经开区建设坚持以水为魂、山水林田湖草生命共同体有序推进的原则，把水资源作为城市发展的刚性约束，在生态承载力的范围内开展开发活动，进行全生命周期防治，实现人与自然和谐共生。

三、试点工作目标

坚持"推动罗汉果特色产业发展，助力乡村振兴，促进三产融合，提升水生态环境和人居环境"的指导思想，并提出了桂林经开区特有的"水—果"EOD发展模式创新目标，以桂林经开区作为示范区，采取产业链延伸、联合经营、组合开发等方式，并构建生态廊道区生态账户体系，推动公益性较强、收益性较差的生态环境治理项目与收益较好的关联产业有效融合与一体化实施。通过政府制定的相应的生态积分需求、评估方法、交易平台及监督体系等运作，制造生态补偿需求和生态价值补充供给，从而探索自然资源和经济发展的关系，以及自然资源变资产、资产变资本的生态价值市场化转化路径，最终实现"高生态价值、高产业价值、高附加值多轮驱动反哺生态环境治理"的目标，突出桂林经开区的特色产业、创新机制、生态旅游兼顾的本土特色，践行绿色发展提供可借鉴、可复制、可推广的经验。

四、试点预期产出

本项目围绕水系生态廊道治理及罗汉果特色产业小镇 EOD 项目，通过三年的探索实践，推动产业经济绿色化、生态环境资源化，实现"政—企—民"互动良性循环发展。具体产出包括创新性模式产出、生态环境效益、社会效益、经济效益。

（一）创新性模式产出

本项目将创新性地引入生态账户（Eco-Account）模式。生态账户实际上是一个自然保护措施的"账户"，以可以交易的生态积分（Eco-Points）来衡量，当未来建设项目需要占用自然空间、对景观产生破坏并且需要进行生态补偿时，可以使用生态账户中的生态积分来消除负面的生态影响。

生态账户制度是基于可交易的生态积分，根据国家自然保护相关法律、法规及政策，需要补偿措施的土地开发应承担生态积分。开发商必须证明相等（生态）价值的补偿措施在某个地域得到执行。生态积分可以从得到官方授权的补偿机构获得。也就是说，补偿机构是生态积分的所有者，通过出售生态积分来负责实施补偿措施。典型的补偿项目包括栖息地和景观保护区的生物多样性改善；农业从农地集约型管理转变为农地休养型管理的实践；退农（耕）还林的实践。

坚持"污染者付费"原则，形成市场、政府和社会相结合的运行模式。依据"污染者付费"原则，企业或其他组织和个人必须通过出资购买生态指标或自行运营生态账户的形式支付生产活动引致的生态成本，这就推动了生态指标交易市场的创立。第三方机构等社会资本可通过经营生态账户、出售生态指标而获益，"污染者"则通过指标的有偿交易承担生态损害补偿、赔偿的主体责任。同时，政府也发挥了监管职能，包括制订景观规划、生态账户登记、补偿项目验收，以及根据项目质量发放等量的生态指标等。

图 4-1　生态账户体系的作用和挑战

具有助力绿色发展、助推生态文明的基本功能。一方面，生态账户要求的生态指标收支平衡能保证规划区内的生态环境质量不降低甚至还有所提高。如此一来人类活动对自然环境的负面影响均得到了补偿，有助于真正实现绿色发展。另一方面，生态环境是一种公共产品，生态文明建设又具有显著正外部性。生态账户将遵循"污染者付费"原则，引入市场机制并采用多元化运行模式，为生态环境的可持续治理创造了必要的条件和激励。它不仅使污染者支付货币化的生态成本，使保护者享有优化生态环境的经济收益，还理顺了政府与市场在环境治理中的关系，让全社会都能积极参与生态文明建设。

（二）生态环境效益

桂林经开区罗汉果小镇生态环境治理与产业发展 EOD 项目的实施，可以显著提高青龙湖—凤鸣湖—洛清江生态廊道水质环境、滨水绿地的连续性，从而更好地实现其生态廊道功能、生态栖息功能、雨洪调蓄功能、生态景观功能等生态基础服务功能。项目对生态环境的改善主要体现在如下五方面。

（1）维持水质稳定，实现Ⅲ类水水质标准。项目通过截留控制面源污染、提升点源污染处理能力、水生态系统修复增强了水体的自净能力，从而实现重点水体（青龙湖、凤鸣湖）水质不低于地表水Ⅲ类水水质标准，部分支流不低于地表水Ⅳ类水水质标准。污水处理厂水质排放标准将从一级 B 标准提升至一级 A 标准，并建设尾水生态处理设施，将水质提升至Ⅳ类水标准（一万吨每日），进一步减轻洛清江污染负荷（如表4-1所示）。

表4-1　水质治理实施范围

污染治理类型	面积（ha）
水生态修复区	487

续表

污染治理类型	面积（ha）
农村面源污染治理区	37
城镇面源污染治理面积	260

（2）实现长约9.5千米的生态廊道贯通，修复两大城市湿地生态核心。本项目拟修生态廊道为青龙湖—凤鸣湖—洛清江，全长约9.5千米（其中新建水系廊道约4.5千米，修复区长度约5千米），成为与洛清江平行的另一条区域级生态廊道。经过修复后的青龙湖、凤鸣湖将成为城区两处重要的生态湿地核心板块，为提高城市生物多样性，特别是水生生物多样性提供良好的栖息空间（如图4-2所示）。

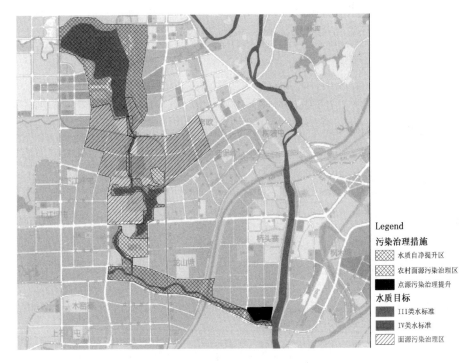

图4-2 水环境修复措施及水质目标

表 4-2　生态系统修复目标

生态板块/廊道	生态修复目标	目标生境及目标生物类群
青龙湖湿地生态核心（约307ha）	森林-湿地复合生态系统	亚热带森林生境、浅水浅滩湿地生境以及深水生境，主要指标性生物有小型哺乳类、林鸟类、水鸟类、鱼类等
凤鸣湖生态核心（约53ha）	草型湖泊湿地生态系统	以浅水湿地生境和深水生境为主要类型，主要指标性生物种类有湿地鸟类、鱼类和两栖类
新建生态廊道（4.5km）	宽滩溪流生态系统	以溪流生境、季节性近岸滩涂生境为主，以两栖类和鱼类为主要指标性生物种类

（3）增强雨洪调蓄能力，提升城市韧性。青龙湖、凤鸣湖作为水库型湖泊，除生态栖息功能以外还具有较强的雨洪调节功能，修复后的水系廊道保留了原有强大的内涝调蓄功能，使片区内涝防治标准提升至50年一遇（原为30年一遇），防洪标准达到100年一遇，显著提升了城市韧性。

（4）提升城市生态景观服务价值，增强城市竞争力。项目实施后，将会形成两大公园体系：青龙湖公园陆域面积约20.5万平方米，水域面积约48.0万平方米，休闲慢行道路约15千米，将青龙湖打造成融森林公园、生态田园、文化艺术、体育娱乐、特色美食商业购物、康养等多种主题为一体的环湖综合旅游示范区；凤鸣湖生态公园陆域面积约15.0万平方米，水域面积约5.0万平方米，慢行系统约8千米，使得凤鸣湖与周边城镇的风景协调一致，将凤鸣湖周边岸坡及水体环境提升至"水清、岸绿、生态"的自然景观。两大公园最终的1000米覆盖范围可以达到近20平方千米，覆盖经开区的核心地带，显著增强区域竞争力。

（5）扩大近10万亩罗汉果种植面积，提高林草覆盖率。通过加大

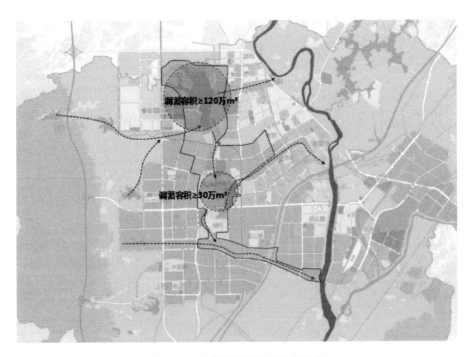

图 4-3　内涝调蓄能力及排水通廊

罗汉果产业配套投入建设，罗汉果加工产能得到进一步的提升，可以带动罗汉果种植业进一步发展，罗汉果种植面积已达 17.6 万亩，未来可达到 27 万亩。罗汉果的种植，使荒地、裸露的山地得到绿化，减少水土流失。同时，罗汉果产业链的延伸，在种植技术、品种上的不断改进可以形成更有机、更绿色的种植模式，从而进一步减少因农业种植而带来的污染问题。

（三）社会效益

（1）改善水生态环境，增加城市环境吸引力。通过水环境综合治理，经开区内主要水体水质得以维护并改善，水功能区水质主要控制

图 4-4　生态景观区核心服务范围

性指标基本达标；生物多样性和生态系统的完整性得到有效保护，提高水源涵养能力，使生态环境向好的态势发展，促进区域水生态与环境良性循环，实现水资源可持续利用，促进人与自然的和谐发展，满足人民生活水平提高，增强人民群众幸福感，对保障经济社会的可持续发展有重要作用。

（2）创造就业岗位，实现共同富裕。通过加大对罗汉果产业配套投入建设，罗汉果加工产能得到进一步提升，带动周边县区罗汉果种植面积达到 27 万亩，亩产 1.2 万个果，产果总量达 32.4 亿个果，预计可带动产业人口约 2 万人，年产值 100 亿元以上。有助于巩固脱贫攻坚成果，推进乡村振兴，促进社会和谐发展。

（3）提升农村人居环境，实现乡村振兴。烟厂坪村、塘料村、罗汉果文化展示水街相关项目的实施，可以改善罗汉果小镇周边农村环境较差、基础设施落后的现象。周边村屯的建设，可以改善人居环境，保障群众安居乐业，提升村民宜居度、生活质量与幸福指数。

（四）经济效益

桂林经开区罗汉果小镇水生态环境治理与产业发展 EOD 项目的实施，可以带来明显的经济效益，反哺环境治理的投入。

1. 带动项目区土地增值

桂林经开区罗汉果小镇水生态环境治理与产业发展 EOD 项目的实施，可以改善当地基础设施条件和生态环境，以国家级 3A 旅游景区为亮点，不断集聚人气，让越来越多的人了解桂林经济技术开发区，提高园区知名度。通过不断吸引企业和人员到来，带动项目区的建设开发，促使土地资源得到释放，转化为经济价值。据测算，项目实施后，土地溢价增值可达 98000 万元。

2. 带动经开区的招商引资

罗汉果小镇作为经开区"最绿色、最高效、最美丽"园区，目前已有实力罗汉果、贰元生物、莎罗雅罗汉果药业、八加一药业等企业入驻，通过桂林经开区罗汉果小镇生态环境治理与产业发展 EOD 项目实施，进一步完善园区基础设施及生态环境，大力整合周边产业资源，打造集研发、检测、加工制造、电商服务、展销等于一身的特色加工体系，吸引相关产业企业不断加入经开区投资发展，如广药集团年产 10 万吨罗汉果饮料，香港寿桃集团的罗汉果巧克力、糖果等终端食品，形成产业集群，每年将新增税收 1 亿元以上。

3. 带动罗汉果产业的进一步发展

桂林经开区罗汉果小镇生态环境治理与产业发展 EOD 项目的实施，加大了罗汉果产业的"产学研"投入，形成涵盖科学研究开发、种植、产品加工销售等一、二、三产业融合、上下游完备的生产链，最终形成产值超百亿元的特色产业园区。

（1）促进罗汉果种植业的发展。罗汉果产业配套投入建设力度加大，使罗汉果加工产能得到进一步的提升，可以推进罗汉果种植业进一步发展。据初步资料，2020 年，周边农民销售罗汉果超过 20 亿个，实现销售收入 17.6 亿元。可以说，罗汉果种植推广，可以推进周边地区农民创收致富，巩固拓展脱贫攻坚成果，进而实现乡村振兴。

（2）促进罗汉果加工业的发展。将罗汉果及罗汉果甜甙等产品外延到深度开发的饮料、功能健康食品、药品等领域，实现以罗汉果的初级农产品向新型功能健康食品行业延伸，促进罗汉果产品升级，如将罗汉果甜甙等应用到可口可乐、百事可乐等产品之中，将形成海量的消费市场，助力罗汉果小镇实现 500 亿产值目标。

（3）促进罗汉果研发配套发展。通过完善罗汉果育种育苗技术、科学栽培技术、罗汉果产品保健食品研发、药用价值研发平台，促使罗汉果产业链不断延伸，带动相关研发配套产业。

4. 促进生态旅游康养产业的进一步发展

根据民政部发布的《2017 年社会服务发展统计公报》，截至 2017 年年底，我国 60 周岁及以上老年人口共计 24090 万人，占总人口数的 17.3%，老龄化进程加快，庞大的老年群体对康养具有普遍的消费需求、较强的消费能力和购买意向：根据全国老龄委、社会科学文献出版社、中山大学旅游学院联合发布的我国首本康养蓝皮书《中国康养产业发展报告（2017）》，到2030年中国老年康养产业市场消费需求将达到20万亿元左右。罗汉果作为功能健康食品，其甜甙糖尿病人也可食用，具有一定抑制血糖和防癌功能，在罗汉果特色小镇3A景区背景下，发展生态旅游康养产业具有广阔的市场前景。桂林经开区罗汉果小镇生态环境治理与产业发展EOD项目的实施，完善罗汉果小镇的生态环境，促使罗汉果产业链向旅游业延伸，对生态旅游康养产业的进一步发展起到重要作用。

表4-3　试点预期产出指标

序号	依托项目	试点预期产出指标
1	青龙湖生态环境保护与修复	对青龙湖的生态环境修复及水环境治理，稳保青龙湖Ⅲ类水水质指标，将青龙湖打造成集森林公园、生态田园、文化艺术、体育娱乐、特色美食商业购物、康养等多种主题于一身的环湖综合旅游示范区
2	凤鸣湖生态环境保护与修复	凤鸣湖的生态环境修复及水环境治理，使得凤鸣湖与周边城镇的风景协调一致，将凤鸣湖周边岸坡及水体环境提升至"水清、岸绿、生态"的自然景观，达到"人在岸边走，鱼在水底游"的和谐环境，稳保凤鸣湖Ⅲ类水水质指标
3	罗汉果文化展示水街	打造以地方特色文化旅游体验为载体，其中罗汉果文化为主要输出目标，集罗汉果康养食品产业、创新展示基地，联动区域发展的宜业、宜游、宜居的特色文化街，实现收益反哺于罗汉果文化展示水街工程投入
4	乡村振兴示范区	通过风貌改造、道路、公共服务设施、基础设施、空间、环境等的综合整治，提升塘村整体人居环境质量和综合服务水平、提高村民生活质量，促进乡村旅游和村庄各项建设全面发展

续表

序号	依托项目	试点预期产出指标
5	罗汉果产业生态园区	通过罗汉果生态加工园、生态办公区、罗汉果交易中心建设，提高罗汉果加工能力，带动1万~3万就业人数。通过出租厂房、办公区等获取收益，反哺生态环境治理投入
6	罗汉果小镇配套设施及市政公用设施	通过罗汉果小镇配套设施及市政公用设施建设，完善基础配套设施，进一步聚集罗汉果小镇人气。通过人才公寓、商铺等出租获取收益，反哺生态环境治理投入

　　本试点项目产业经营预期年收益将达到 42484.00 万元，每年可提取 10472.60 万元反哺生态环境持续改善，保障罗汉果小镇生态产业与生态环境良性循环发展。

第五章

试点内容与依托项目

一、生态环境保护与产业融合发展思路

桂林经开区远离漓江，地域广阔，未来将以"承接产业转移"的契机，充分利用"城市向西，工业向西"，发展临桂，再造一个新桂林。桂林经开区将重点发展先进装备制造、电子信息、食品、生物医药产业，辅助发展橡胶制品、新材料产业。目前已列入国家级开发区培育名单，是未来桂林重振工业雄风的主战场。面临着生态环境治理和产业转型升级的双重任务，推进产业与生态的有机融合，有利于实现经济效益、社会效益和生态效益的协调发展。生态与产业融合发展就是要实现"生态产业化"和"产业生态化"的目标。所谓"生态产业化"，就是要把绿水青山变成金山银山；所谓"产业生态化"，就是要在得到金山银山的同时保住绿水青山。

结合桂林经开区罗汉果产业开发特色小镇的功能定位，试点以罗汉果特色产业为主导，实现产业融合发展，打造成科技与文化结合、工业与旅游融合的国家级特色小镇。通过本项目建设，进一步集聚人

气，进而促进经开区全面发展，实现生态环境保护与产业融合发展。

一是人与自然融合。践行"两山"理念，坚持人与自然和谐共生。通过深入分析桂林经开区罗汉果产业、旅游业等开发伴生污染的生态环境问题，统筹考虑经开区配套设施对产业影响的风险需求，特别是与周边资源同质化程度较高导致的文旅、康养等产业收益风险问题。在此基础上，提出了罗汉果产业、旅游业等开发伴生污染的治理方案，并坚持以山水林田湖草生命共同体原则，强化人与自然融合理念。

二是生态产业化与产业生态化融合。生态产业化是把生态作为一种产业进行适度开发，在生态环境治理过程中，注重生态本身的产业价值，充分引入社会力量，优化当前生态治理的投入机制，是用市场机制推进生态建设的重要手段。产业生态化就是在区域产业发展定位上，要坚持绿色、循环、低碳导向，发展关联度高、带动力强、绿色低碳环保的产业。其关键在于把产业活动纳入生态系统的大循环，以求经济效益与生态效益的统一。产业生态化是保证经济发展方式由粗放型向集约型转变，实现经济、生态、社会可持续发展的重要途径。

本试点主要涉及生态环境保护与修复项目和产业开发项目两大类，充分体现了生态环境治理与一、二、三产融合。生态环境保护与修复项目类主要涉及水环境治理和提升、污水治理工程、乡村振兴等环境保护项目。产业开发项目类主要围绕"罗汉果"特色产业，涉及罗汉果的生产、加工、研发、推广及其配套等。

三是公益项目与经营项目融合。试点在将"罗汉果"特色产业、生态旅游业等作为经营性项目的基础上，将产业开发伴生污染的生态环境修复后的生态系统服务价值作为经营性项目，通过"特色主导产

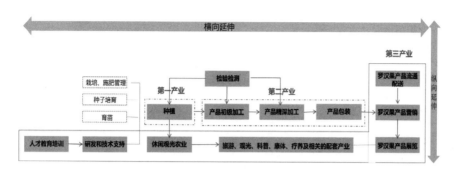

图 5-1　罗汉果产业链延伸分析图

业+政策设计"，按照"污染者付费+受益者付费"双向机制搭建交易平台，扩大收益范围，实现公益与经营项目融合，将部分收益直接反哺投融资缺口，进而缓解资金压力。

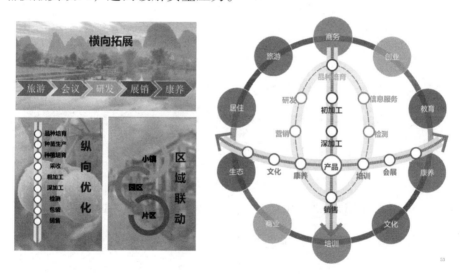

图 5-2　罗汉果产业链多方位拓展分析图

　　四是项目管理与政策融合。按照新的管理思路，厘清桂林经开区管委会、桂林经开投资控股有限责任公司权责，由桂林经济技术开发区管理委员会作为政策主体，负责 EOD 项目的政策支持和指导、跟踪实施效果、协调交流、成果宣传等工作，并承担相应的责任。桂林经开投资控股有限责任公司作为实施主体，负责统筹调度 EOD 所有子项目规划、设计、投融资、建设管理、试生产、竣工验收、运营管护等工作，直至交付，并承担相应的责任。确保项目顺利实施，打造联合共治新局面，互惠共赢。

二、试点内容

生态环境导向的开发（Eco-environment-oriented，EOD）模式（以下简称"EOD 模式"）是一种创新性的项目组织实施模式，是以习近平生态文明思想为引领，以可持续发展为目标，以生态保护和环境治理为基础，以特色产业运营为支撑，以区域综合开发为载体，采取产业链延伸、联合经营、组合开发等方式，推动公益性较强、收益性较差的生态环境治理项目与收益较好的关联产业有效融合、统筹推进、一体化实施，是将生态环境治理带来的经济价值内部化的项目组织实施方式。EOD 模式的核心要义是将生态环境治理作为开发项目的投入要素，将生态环境保护产生的收益提前锁定，转化为对生态环境治理项目投入的反哺，减少公益性生态环境治理项目的政府投入。对于 EOD 模式，本次试点项目的重点内容可以分为以下 5 方面的内容。

（一）建立以生态账户体系为基础的 EOD 模式

生态账户体系的建立是以开发区政府为主体构建的一套新的生态补偿体系，主要包含以下 5 个部分的内容。

（1）生态积分交易需求的培育。生态积分衡量的是自然生态系统及物种生存空间的生态价值。根据国际上的经验，对有关生态环境保护法律的严格执行以及预先补偿措施的确立，是培育生态积分交易需求的基础。

（2）生态账户的创建和使用。创建生态账户的主要步骤：第一，制订生态账户规划；第二，与当地有关部门协商，将其作为生态账户管理的土地记入生态土地登记簿（专门用于登记管理生态用地的 GIS 数据库）；第三，实施规划，生态账户的使用者可在登记后的土地上实施相关的生态补偿措施，其间生态系统所发生的质量提升都体现为生态积分的变化；第四，预计开展一项工程将会产生的生态影响，测算需要补偿的生态积分数额；第五，确定采取生态补偿的具体方式，如果选择生态账户的方式，则从生态账户中扣除补偿数额，并在生态土地登记簿中核销备案。

（3）生态积分的评估。针对物种和生存空间的不同，生态积分的评估主要分为两类：一类是可根据面积计算和划界的，如农田、灌木等群落及其生存空间，由景观规划师根据自然生态系统的面积及生境名录划归细则给出的生态积分来计算；另一类是无法清楚确定边界或者不能按照面积进行数量评估的，如某些物种的生存空间对栖息地有较高要求或者与其他生物重叠，很难用数量来衡量，则由景观规划师通过定性的方式来记录和评估。

设定评估标准。可以将群落生境作为生态价值评估的最基本要素，群落生境分为价值较高（11~15分），价值中等（6~10分）、价值较低（1~5分）和无生态价值（0分）四类，其评估标准主要考虑三个因素：一是稀缺性，群落生境越稀缺，其生态价值越高，对应的生态积分越多；二是不可替代性，越无法替代则生态价值越高；三是天然性，天然属性越高则生态价值越高。

根据上述因素，对所有的群落生境进行分类和描述，包括水体、农地、河岸带、沼泽、山地灌木丛；洞穴、岩石，植被较少的裸露区；森林；人类聚集区，工业交通用地等，并对每个结构类型和使用类型的生态价值都给出了对应的参考值。例如，天然山泉的特征为沼泽泉、常流泉或者水质较软的地表泉，评分为稀缺性4分、不可替代性5分、天然属性5分，总分14分，其生态价值较高；道路、机场交通用地的特征为多车道交通用地或机场用地，属于水泥、沥青等硬化不透水路面，稀缺性、不可替代性和天然属性都为0，总分为0分，无生态价值。

规范评估方法。生态积分总额是评估对象的单位生态价值分值乘以相应的面积。景观规划师根据上述的评分规则，结合每个群落的现状、规划用途、评估对应群落生境的参考分值，计算出生态积分。

（4）生态积分交易。生态积分可以在法律允许的范围内自愿进行交易。政府可以根据相应的依据制定生态积分交易最低价，最终交易价格由买卖双方协商确定。所有者在售出生态账户中的积分时，既可以只出售生态措施，保留生态用地，也可以把二者打包出售。对于前者，土地所有者必须保障该土地上的生态措施得到有效执行；对于后者，该土地的使用权及其生态措施相关的维护义务则全部由买方承担。

（5）生态账户监管。政府部门对生态账户的监管措施主要包括制订景观规划、开展生态账户登记和补偿项目验收，根据项目质量发放相应的生态积分并实施全过程的持续监管；对开展生态账户创建的建设项目,从补偿之日起一定期限内不得改变用途(如 25 年内)。政府主管部门对生态账户补偿涉及的积分评估、预防措施、生态保护措施等进行长期监管,确保生态补偿措施落实到位。

(二) 评估罗汉果全产业链生态积分影响状况

罗汉果产业开发项目涵盖罗汉果科学研究开发、种植、产品加工、销售等一、二、三产融合、上下游完备的生产链,其延伸的部分产业领域对生态环境要求较高,只有优美的生态环境才能促使产业的发展和盈利。如以罗汉果为主的生态农业园、展示馆、特色创业街、展销会、文化节等均依靠优美的环境才能发挥效益。按照"谁受益,谁付费"的原则,以上项目均对生态环境治理进行反哺。

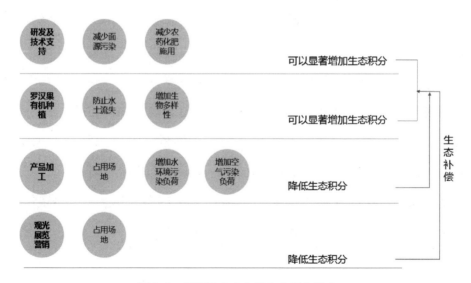

图 5-3 罗汉果全产业链生态积分影响

（三）实现罗汉果产业开发项目与生态环境治理的有效融合

罗汉果产业开发项目以把罗汉果原果加工成高纯度罗汉果甜甙为依托，将罗汉果从"初级加工"到"精深加工"，产品有罗汉果巧克力、罗汉果饮料、罗汉果糖果、药膳、罗汉果配方药等，形成完整的研发、种植、旅游、观光、科普、康养、展销等罗汉果产业链条。产业发展离不开生态环境的治理，尤其是罗汉果产业链条这种以生态农业、生态工业、生态旅游业为主的产业，其产业对生态环境提出了更高的要求。强化罗汉果小镇周边生态环境的修复，融合罗汉果产业特色小镇，实现产业促生态、生态助产业的良性循环。只有生态环境好了，产业才能发展得更好。

通过实施"罗汉果产业生态园区工程""罗汉果小镇 EOD 项目配套公用设施工程"等产业开发项目，预计罗汉果产业开发项目每年用于生态反哺的金额约为 4893 万元，项目反哺效果明显。通过开发产业带来的经济效益完全可以支持生态环境修复的支出。一方面，通过项目有效融合、统筹推进、一体化实施，最终依托罗汉果种植、加工、研发、经营等关联产业实现经济收益，反哺生态环境治理投入，创新生态环境治理投融资渠道。另一方面，为桂林集聚财力，保护漓江，间接实现习近平总书记在桂林考察时的嘱托，促进"两山"相互转化。

（四）一体化方式实施生态环境治理与罗汉果产业发展项目

一体化方式实施是指将生态环境治理项目和罗汉果产业开发项目作为一个整体项目，由一个市场主体整体实施、统筹推进。在项目实施过程中，将罗汉果产业开发项目过程中的休闲观光农业、文化旅游项目、罗汉果产业加工及配套同生态环境作为一个整体项目，将公益性较强、收益性较差的生态环境项目与收益性较好的产业项目整体实施、统筹推进，作为一个项目进行成本和效益的测算。

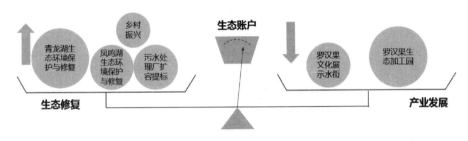

图 5-4　生态账户协调模式图

（五）构建不同主体宣传工作方案

在宣传方式上，及时总结经验及阶段成果，通过公众号、网站、推介会、广播台、刊物、标语、海报、手册、横幅、咨询点、讲座等方式进行全方位宣传报道，制作相应的宣传片，加大推介力度；在宣传范围上，以粤桂黔高铁经济带为核心，辐射全国；在宣传主体上，涉及各个层面群众。

三、依托项目名称及建设内容

（一）依托项目名称

桂林经开区罗汉果小镇生态环境治理与产业发展 EOD 项目。

（二）依托项目建设内容

罗汉果小镇为罗汉果系列食品、医药、康养、文旅等环境敏感型产业集聚区，依托项目主要涉及两大类：一是生态环境保护与修复项目类；二是产业开发项目类。两类项目均已完成可研批复、备案等立项工作。

（1）生态环境保护与修复项目类。包括青龙湖生态环境保护与修复工程、凤鸣湖生态环境保护与修复工程、罗汉果文化展示水街工程、乡村振兴示范区工程等。

（2）产业开发项目类。包括罗汉果产业生态园区、罗汉果小镇配套设施及市政公用设施等。

表 5-1   实施项目清单统计表

序号	项目名称
1	生态环境保护与修复项目
1.1	青龙湖生态环境保护与修复
1.1.1	青龙湖生态环境保护与修复
1.1.2	青龙湖水环境治理与提升
1.2	凤鸣湖生态环境保护与修复
1.2.1	凤鸣湖生态环境保护与修复
1.2.2	凤鸣湖水环境治理与提升
1.3	罗汉果文化展示水街
1.3.1	罗汉果文化展示水街
1.3.2	水系连通工程

序号	项目名称
1.4	乡村振兴示范区
1.4.1	塘料村生态环境综合整治工程
1.4.2	烟厂坪村生态环境综合整治工程
2	产业开发项目
2.1	罗汉果产业生态园区
2.1.1	罗汉果生态加工园
2.1.2	生态办公区
2.1.3	罗汉果交易中心
2.2	罗汉果小镇 EOD 项目配套公用设施
2.2.1	居住社区
2.2.2	公租房
2.2.3	邻里汇
2.2.4	热能管网
2.2.5	污水预处理站
2.2.6	污水处理厂扩容、提标
2.2.7	污水处理尾水净化扩容
2.2.8	市政道路（含管网）

1. 生态环境保护与修复类项目

（1）青龙湖生态环境保护与修复工程

本工程位于桂林市永福县苏桥镇，项目区南至水荆路，北至银杏北环路，东至金桂路，西至安宁街，设计范围为环湖一定距离内的区域，规划总用地约 207 公顷（其中水域 87 公顷），净用地面积约 50 公顷（不含青龙湖水体面积）。

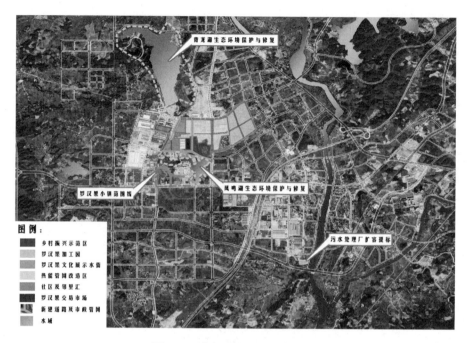

图 5-5　试点项目总平面布置图

青龙湖治理前：河道水面与周边用地缺乏连通，亲水性差，岸边及水面有较多的垃圾漂浮物，水体感官较差。据检测成果水质相关指标满足地表水Ⅲ类相关标准，但其中的 TN、COD 超标，主要原因为河湖上游流域范围内存在着村庄家禽散养等点源污染、农田化肥过量使用等面源污染。现状岸坡未进行任何治理，崩塌严重，周边环境较差。周边道路多为土质路面，路面较窄，整体通行能力差。

建设内容：

①青龙湖生态环境保护与修复。环湖步道、骑行车道 15 千米，设计路面宽 2.5 米；生态公园建设面积 20.5 万平方米；水生态系统构建面积 48.0 万平方米；生态滨水湖岸 0.7 万平方米；绿化亮化面积 22.6 万平方米（包含道路两侧绿化、绿化喷灌系统、路灯）。

图5-6 青龙湖治理前

②青龙湖水环境治理：水生态环境综合治理6.67万平方米。通过对青龙湖的生态环境修复及水环境治理，稳保青龙湖Ⅲ类水水质指标，将青龙湖打造成集森林公园、生态田园、文化艺术、体育娱乐、特色美食商业购物、康养等多种主题于一身的环湖综合旅游示范区。本工程实施后，可为罗汉果产业、体育、旅游及康养等关联产业发展提供良好的生态环境，关联产业实现收益反哺于青龙湖生态环境保护与修复工程。

图 5-7 青龙湖现状

图 5-8 青龙湖规划效果图

（2）凤鸣湖生态环境保护与修复工程

本工程位于桂林市永福县苏桥镇，项目区南至土榕大道，北至长江路，东至木兰街，西至金桂路，设计范围为环湖一定距离内的区域。

凤鸣湖治理前：水体中漂浮较多的垃圾，感官较差。根据监测成果，水质相关指标不满足地表水Ⅲ类标准，其中的 TN、COD、氨氮、BOD_5超标，主要原因是凤鸣湖位于园区中部，周边均为村庄、企业，受到污水管网渗漏、养殖、生活废水等影响，水质中有机物含量较高，从而导致 TN、COD、氨氮、BOD_5超标。现状岸坡未进行任何治理，崩塌严重，周边环境较差，满足不了罗汉果小镇的发展要求。

图 5-9 凤鸣湖水质治理前

图 5-10　凤鸣湖水质治理前

建设内容：

①凤鸣湖生态环境保护与修复：环湖步道、骑行车道 8 千米、设计路面宽 2.5 米；生态公园建设面积 15.0 万平方米；水生态系统构建面积 5.0 万平方米；生态滨水湖岸 0.35 万平方米；绿化亮化面积 16.5 万平方米（包含道路两侧绿化、绿化喷灌系统、路灯）。

②凤鸣湖水环境治理：水生态环境综合治理 3.0 万平方米。凤鸣湖的生态环境修复及水环境治理，使得凤鸣湖与周边城镇的风景协调一致，将凤鸣湖周边岸坡及水体环境提升至"水清、岸绿、生态"的自然景观，达到"人在岸边走，鱼在水底游"的和谐环境。本工程实施后，可为罗汉果产业、文化旅游等关联产业发展提供良好的生态环境，关联产业实现收益反哺于凤鸣湖生态环境保护与修复工程。

图 5-11 凤鸣湖规划效果图

（3）罗汉果文化展示水街工程

水街建设前：本工程位于桂林市永福县苏桥镇，离两江机场约 12 千米，离永福南站约 13 千米，离临桂新区约 21 千米，具有交通区位优势。工程用地面积为 102378.00 平方米。工程场地北侧为青龙湖水库，南侧为凤鸣湖水库，西侧为罗汉果文化展览馆，东侧为食品加工厂。项目场地地势较为平缓，场地内有大面积未开发的农田、菜地、老街道。

建设内容：

①罗汉果文化展示水街：建筑工程面积 153816 平方米；安装工程

图 5-12　水街建设前实景

面积 153816 平方米，包含消防、电气、弱电、室内排水工程；室外配套基础设施包含道路及广场硬化面积 54622 平方米；绿化亮化工程 37687 平方米；室外综合管线和环卫设施 80000 平方米。

②水系连通工程：新建青龙湖至凤鸣湖连通水系线路总长 2.59 千米（包含建筑物包括提水泵站 1 座、溢流坝及控制闸 1 座、消力池 1 处、圆形检查井 12 座、矩形检查井 8 座等）；生态驳岸 2000 米；两岸河沟水体改造 2000 米；步道建设 2000 米；绿化亮化工程 2000 米（包含两侧绿化、绿化喷灌系统、路灯）。

实施后效果：本工程可改善桂林经开区的景观和环境条件，提升罗汉果产业开发特色小镇的品位，为该区域创造良好的投资旅游环境，为促进经开区的区域社会经济发展发挥积极作用，将打造以地方特色

图 5-13 罗汉果文化展示水街鸟瞰图

文化旅游体验为载体，其中罗汉果文化为主要输出目标，是集罗汉果康养食品产业、创新展示基地于一身，联动区域发展的宜业宜游宜居的特色文化街。本工程实施后，可为罗汉果产业、文化旅游等关联产业发展提供良好的生态环境，关联产业实现收益反哺于罗汉果文化展示水街工程。

（4）乡村振兴示范区

①塘料村生态环境综合整治工程

塘料村作为旧村以保留整治为主、新村以现代化建设为主的村庄，未来将具有行政商务金融、休闲文化旅游和现代居住等综合服务功能，是桂林经济技术开发区苏桥片区具有典型代表性的新时代示范村庄。

依托山水格局，统筹乡村生产、生活和生态，探索桂林特色村庄规划建设的新模式、新机制，建设宜居宜业、景色宜人、城乡互动的美丽乡村。

塘料村治理前：塘料村是桂林经开区的经济良好村，产业发展水平不高。结构以一产为主，二产、三产较弱。村庄现有"尹氏宗祠"1座、唐朝鉴真和尚途经的"鉴真泉"等历史文化遗迹。主要用地为农村居民点用地、耕地、林地和养殖水面。居民点用地集中在村域中部，自然形成的村庄肌理与村庄地形相适应。村庄内村民住宅用地混乱、松散，土质危房和棚屋较多，同时缺乏市政基础设施，环境卫生、村容村貌较差，村民生活不便，严重影响和制约了村庄的发展。

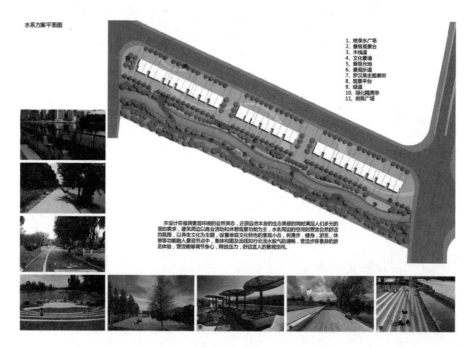

图5-14　罗汉果文化展示水街意向图

视角示意

图 5-15　罗汉果文化展示水街效果图

图 5-16　塘料村治理前

图 5-17　塘料村治理前

建设内容：

A. 公益性配套工程：村民委员会建筑面积 4400 平方米；养老院建筑面积 3215 平方米；医务室、活动中心建筑面积 1637 平方米；农贸市场建筑面积 8325 平方米；幼儿园建筑面积 1574 平方米。

B. 主体安装工程：总面积 19151 平方米，包括消防、电气、弱电、室内给排水等。

C. 室外配套基础设施工程：道路及广场硬化面积 3830 平方米；绿化亮化工程面积 3500 平方米；室外综合管线面积 15321 平方米；环卫设施面积 15321 平方米。

D. 市政工程：整治道路面积 30000 平方米；新修道路面积 18000 平方米；新建给水管网（DN150）长度 2400 米；新建雨水管网长度 1800 米；新建排污管网（De315）长度 4800 米。

E. 旧村容貌立面改造 250 户。实施效果：通过风貌改造、道路、公共服务设施、基础设施、空间、环境等综合整治，提升塘料村整体人居环境质量和综合服务水平、提高村民生活质量，促进乡村旅游和村庄建设全面发展。通过对村庄内部的空间梳理，结合公共空间、绿地、水系、农宅等景观要素，塑造具有塘料特色的景观，通过景观空间的塑造，充分展示传统农耕文化、砂糖橘文化。同时展现塘料村村民的新生活，促进乡村旅游发展和景观品质提升。本工程实施后，可为罗汉果产业、砂糖橘产业、乡村休闲观光旅游度假等关联产业发展提供良好的生态环境，关联产业实现收益反哺于塘料村生态环境综合整治工程。

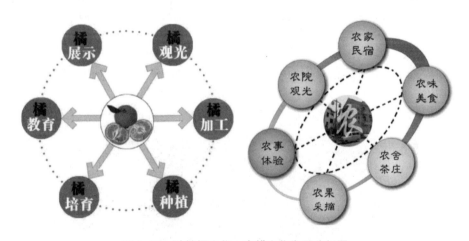

图 5-18　砂糖橘文化、农耕文化发展分析图

②烟厂坪村生态环境综合整治工程

烟厂坪村位于凤鸣湖畔，属产业特色村，根据其优势条件和发展目标，通过对有利条件与制约因素的挖掘和分析，在立足桂林经开区禀赋、桂林经开区配置能力、区位条件和外部环境组合特色的基础上，综合分析明确性质为：桂林经济技术开发区中部以特色农业为主导并

依托自然环境优势，发展乡村生态体验游的中心村，建设具有特色的摄影基地，建成桂林经济技术开发区乡村旅游的示范村。

烟厂坪村治理前：烟厂坪村用地主要以村民住宅用地和农业用地为主，另有少量的道路和水域，总建设用地2.42公顷。一是用地与功能布局问题：居民住房布局较散乱，土地浪费较严重；大部分房屋日照通风条件不良，质量较差，乱搭乱建的现象较为普遍；室内环卫设施、宅前道路和消防安全条件差；村民活动场地不足。二是道路交通问题：现有的道路网系统不完善，各级道路普遍偏窄，村内小巷狭窄弯曲，消防车无法进入；村内道路衔接不通畅，断头路较多；道路附属设施不够齐全，停车位不足。三是基础设施和坏卫设施建设问题：无污水排放沟、管系统，无污水处理设施；村民家庭多为简易厕所或室外独立厕所，卫生设施条件差。四是景观风貌问题：建筑形式杂乱，乡村特色不突出；绿地率低，缺少公共绿地和公共活动空间。

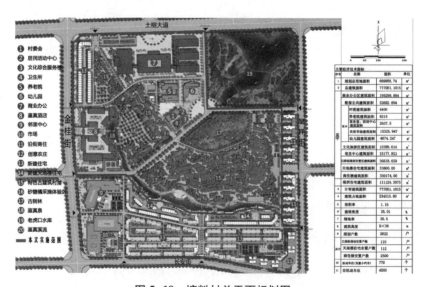

图5-19　塘料村总平面规划图

图 5-20　塘料村规划节点效果图

图 5-21　塘料村整体规划鸟瞰图

图 5-22 烟厂坪村入口治理前

图 5-23 烟厂坪村治理前

建设内容：

A. 公益性配套工程：新建文化中心建筑面积2246.9平方米；新建村民委员会、幼儿园建筑面积1328.4平方米。

B. 主体安装工程：总面积3575.3平方米，包括消防、电气、弱电、室内给排水等。

C. 室外配套基础设施工程：道路及广场硬化面积1800平方米；绿化亮化工程面积2500平方米；室外综合管线面积2000平方米；环卫设施面积2000平方米。

D. 市政工程：整治道路面积6000平方米；新修道路面积3000平方米；新建给水管网（DN150）长度400米；新建雨水管网长度300米；新建排污管网（De315）长度800米。

E. 旧村容貌立面改造41户。实施效果：通过风貌改造、道路、公共服务设施、基础设施、空间、环境等综合整治，提升烟厂坪整体人居环境质量和综合服务水平，提高村民生活质量，促进乡村旅游和村庄各项建设全面发展。通过对村庄内部的空间梳理，结合公共空间、绿地、水系、农宅等景观要素，塑造具有烟厂坪特色的景观。把烟厂坪打造成为"村庄秀美、环境优美、生活甜美、社会和美"的宜居、宜业、宜游"美丽乡村"。本工程实施后，可为罗汉果产业、砂糖橘产业、农家乐、摄影基地、生态旅游等关联产业发展提供良好的生态环境，关联产业实现收益反哺于烟厂坪村生态环境综合整治工程。

图 5-24　烟厂坪村总平面规划图

图 5-25　烟厂坪村整体规划鸟瞰图

2. 产业开发项目类

罗汉果特色小镇是一个以罗汉果产业为主导，集罗汉果育苗、种植、加工、研发、销售（电商）、体验、休闲饮食于一身的产业集群小镇。其规划面积为 2.98 平方千米，包括生产制造区、产品展示交易区、创新创业研发区、生活配套区、休闲康养区、种植体验区六大功能区；总投资约 27.6 亿元，其中一期投资 10.25 亿元，建设内容包括豪文国际学校、小镇人才公寓、标准厂房、罗汉果展示馆、产业研发中心、罗汉果体验水街等基础及配套设施项目，其中，豪文国际学校、罗汉果产业研发中心已建成。预计可带动产业人口约 2 万人，年产值达到 100 亿元。打造罗汉果特色小镇 3A 景区，实际上也是建设"最绿色、最高效、最美丽"桂林经济技术开发区的要求之一，特色小镇要形成新的经济增长点，环境也要优美。小镇按照 3A 级景区标准建设也是产业融合的具体体现，将农业、工业、旅游业进行产业融合，罗汉果产业与休闲旅游、文化体验高度融合带来的综合经济效益会更高，从而促进当地经济的发展。通过三年到五年的精细规划、精品建设，以"罗汉果产业"为特色，以"山水资源"为特质，以"文化"为内涵，以"生态低碳"为目标，以产引游、以游助产。

罗汉果主产广西桂林，占有全世界 85%以上的产量，是桂林的名优特产之一。广西每年种植罗汉果达 6 万亩，年产鲜果 3 万吨以上，原果产值 5 亿多元，通过加工等形成的产值近 80 亿元。在经开区罗汉果小镇生产加工的企业超过 12 家，产值超过 20 亿元。罗汉果已成为桂北地区发展地方经济的重要产业，被广西确定为优势农产品重点发展。

罗汉果深加工——罗汉果提取的甜甙越来越受国内外市场欢迎，

食品饮料行业中使用罗汉果甜甙的产品亦逐渐增加。可口可乐（美国）、通用磨坊（法国）、乔巴尼（美国）等大型的食品饮料企业都使用了罗汉果甜甙替代高热量、副作用大的蔗糖，引起了国际社会的广泛关注。日本已应用甜甙制成多款休闲食品，深受消费者喜爱。国内有多家企业进行甜甙提取，仅桂林就有六家，产品全部销往国外。从全球来看，罗汉果甜甙消费集中在美国、欧洲以及日本等地区。目前，美国是罗汉果甜甙的最大消费国。近年来美国市场上罗汉果甜甙的消费量呈现增长的趋势，随着国内食品政策的支持以及提取技术的不断改进，罗汉果甜甙将会出现在更多的健康类食品和高端食品应用中。罗汉果甜甙的中国市场规模迅速扩大。未来国内外罗汉果甜甙市场的发展空间巨大。

罗汉果产业发展思路：

①产业服务平台：引入罗汉果创新创业服务平台，打造全生命周期产业服务。

②产业发展引导：加快罗汉果研究和产业化，延伸到深度开发的饮料、功能健康食品、药品等领域。

③产业资源对接：进一步对接罗汉果产业资源，延伸罗汉果良种选育繁育、技术研发、商贸展销等前后端产业。

④产业空间统筹：统筹协调周边资源优势，实现资源的区域联动。

⑤两大特色产业：特色旅游、特色加工。

⑥以特色小镇为依托，横向拓展功能链、纵向优化产业链、区域联动服务链，打造特色化产业集群。

图 5-26 罗汉果小镇整体规划鸟瞰图

（1）罗汉果产业生态园区工程

①罗汉果生态加工园：A. 建筑工程总面积 15.0 万平方米。B. 安装工程总面积 15.0 万平方米，包括消防、电气、弱电、室内给排水等。C. 室外配套基础设施工程：道路及广场硬化面积 3.98 万平方米；绿化亮化工程面积 2.325 万平方米；室外综合管线面积 13.3 万平方米；环卫设施面积 13.3 万平方米。

②生态办公区：A. 建筑工程：研发办公楼面积 0.5 万平方米；检测中心面积 0.5 万平方米。B. 安装工程总面积 0.12 万平方米，包括消防、电气、弱电、室内给排水等。C. 室外配套基础设施工程：道路及广场硬化面积 0.12 万平方米；绿化亮化工程面积 0.072 万平方米；室外综合管线面积 0.48 万平方米；环卫设施面积 0.48 万平方米。

图 5-27　罗汉果生态加工园效果图

图 5-28　生态办公区效果图

③罗汉果交易中心：A. 建筑工程总面积1.50万平方米。B. 安装工程总面积1.50万平方米，包括消防、电气、弱电、室内给排水等。C. 室外配套基础设施工程：道路及广场硬化面积0.511万平方米；绿化亮化工程面积0.2835万平方米；室外综合管线面积1.85万平方米；环卫设施面积1.85万平方米。

（2）罗汉果小镇配套设施及市政公用设施

①居住社区：A. 建筑工程总面积4.0万平方米。B. 安装工程总面积4.0万平方米，包括消防、电气、弱电、室内给排水等。C. 室外配套基础设施工程：道路及广场硬化面积0.7万平方米；绿化亮化工程面积0.495万平方米；室外综合管线面积3.533万平方米；环卫设施面积3.533万平方米。

图5-29 居住社区鸟瞰图

图 5-30 居住社区效果图

图 5-31 邻里汇中心透视图

②公租房：A. 建筑工程总面积 1.0 万平方米。B. 安装工程总面积
1.0 万平方米，包括消防、电气、弱电、室内给排水等。C. 室外配套

基础设施工程：道路及广场硬化面积 0.22 万平方米；绿化亮化工程面积 0.13 万平方米；室外综合管线面积 0.70 万平方米；环卫设施面积 0.70 万平方米。

③邻里汇：A. 建筑工程总面积 0.5 万平方米。B. 安装工程总面积 0.5 万平方米，包括消防、电气、弱电、室内给排水等。C. 室外配套基础设施工程：道路及广场硬化面积 0.11 万平方米；绿化亮化工程面积 0.065 万平方米；室外综合管线面积 0.35 万平方米；环卫设施面积 0.35 万平方米。

④热能管网：覆盖面积 59.25 万平方米。

⑤污水预处理站：处理规模 5000m³/d 一座。

⑥污水处理厂扩容、提标：处理规模 10000m³/d 一座。

⑦污水处理尾水净化扩容：处理规模 10000m³/d 一座。

⑧市政道路（含管网）：长度 7.95 千米。

四、项目组织实施方式

（一）实施主体

桂林经开投资控股有限责任公司作为实施主体，负责统筹调度 EOD 所有子项目规划、设计、投融资、建设管理、试生产、竣工验收、运营管护等工作，直至交付，并承担相应的责任。

（二）实施主体介绍

桂林经开投资控股有限责任公司于 2017 年 5 月 23 日成立，是桂林市人民政府授权市国有资产监督管理委员会出资设立的国有独资有限公司，公司注册资本 10 亿元，截至 2021 年 9 月，公司总资产超 115 亿元，在职员工 234 人。

公司在桂林经济技术开发区党工委、管委的直接领导下，全心致力于桂林经开区建设开发和园区产业投融资，承担着桂林经开区市政基础设施建设和配套建设，承建着华为信息生态产业合作区、深科技智能制造产业园、罗汉果小镇系列项目等自治区层面统筹推进重大项目，助力桂林经开区项目建设和产业发展。2020 年 7 月，公司成功获评主体信用 AA 等级。2021 年 3 月，公司成功发行第一期非公开发行项目收益专项公司债券 7 亿元，为公司融资进军资本市场迈出重要的一步。

公司积极响应市委、市政府振兴桂林工业的战略布局，以资本为纽带、以产权为基础，按照"高效灵活、集分有度、业务下沉"原则，集团总部设置八个职能管控部门。按照产业载体建设、产业综合服务、产业投资三大业务板块分类管控，公司分专业下沉业务、以三层管控为限，设置全资、参控股等操作型子公司，构建产业载体建设、产业综合服务、产业投资的金字塔式业务格局，实现集团发展目标。通过以苏桥园公司为产业建设为载体，推进和提升园区路网、水网、景林等公共硬环境，配套服务经开区产业发展，助推产业发展。三年来，公司累计为经开区发展建设筹集资金超 77 亿元、建成标准厂房超 63 万平方米、人才公寓超 28 万平方米，助力经开区 2018—2020 连续三年标准厂房建成面积位列全市第一。孵化器、经开人聚、三最商贸、兴坤物业为产业综合服务业务实施主体，致力于改善经开区产业环境面貌、提升产业服务水平，为园区企业生产和生活提供增值服务，提升资产运营效率。孵化器公司全面构建桂林经开区创业服务生态体系，为创新创业者提供良好专业的服务，获得了"国家中小企业公共服务示范平台""自治区小型微型企业创业创新示范基地"等多项荣誉。通过以信产投公司、福源公司、新兴产业公司为产业投资和以产业引进为实施载体，助推产业聚集。桂林华为云计算数据中心获得第二批数字广西大数据中心支撑平台，信产投公司的桂林政务云获得第二批数字广西建设重点示范项目、数字广西优秀成果，华为合作区基本形成以华为、深科技等为龙头的大数据和智能终端的新一代信息产业集群。

公司秉承"红湖精神、善行、拼搏"的文化核心价值观，坚持"共享资源、共建新城"的经营理念，做大资产规模，做强经营实力，努力打造成桂林乃至广西极具影响力的投融资公司。

（三）运作方式及协调

（1）统一一个实施主体。根据 EOD 模式的主要思想，本次涉及的 6 个项目将统一由一个实施主体实施，即桂林经开投资控股有限责任公司。所有项目以实施主体主导统一投融资、建设，并实行统筹的财务平衡策略。

（2）采用统筹的项目组织模式。试点项目结合申报需求，对将开展的生态环境治理与相关产业对项目的设计、建设、运营、维护、管理等内容进行组合优化，采用 EPC 总承包方式+DBOO 模式进行项目管理运作。为确保项目顺利实施和按期完成，本项目将严格按照基本建设程序及相关法律法规的规定进行建设，确保项目的顺利实施。

考虑到青龙湖及凤鸣湖的生态环境保护与修复、水环境治理等工程项目投融资压力较大，为保证融资平台自身的造血功能，考虑后期在旅游、产业发展等方面给予一定的土地经营权或项目所有权，采用DBOO 模式（设计—建设—拥有—运营），由项目公司承担新建项目设计、融资、建造、运营、维护和用户服务职责，项目公司在一定时间内拥有项目所有权的项目运作方式实现收益。

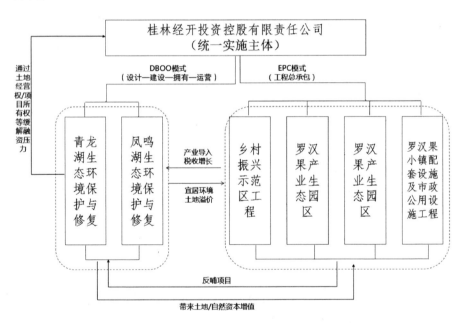

图 5-32　各项目之间协调及一体化实施模式

（3）统筹安排项目实施计划。由实施主体主导，对 6 个项目进行统一的规划，特别是产业及旅游相关规划并统筹建设时序，将生态环境修复与产业开发建设进行科学合理的安排。

　　首先进行基础设施建设，包括道路管网、污水处理厂等市政基础设施，同时启动青龙湖、凤鸣湖等生态基础设施建设，此类基础设施项目可以统一规划、统筹实施，便捷良好的蓝绿基础设施是区域开发的重要驱动；其次是对建设周期较长、对产业引入较为关键的产业园及罗汉果文化街进行持续建设；最后在生态环境修复初见成效的基础上，启动乡村振兴建设，并积极融入罗汉果文化街以及青龙湖、凤鸣湖等风景区的相关健康旅游产业链。

第六章

试点项目实施计划

一、实施年限

本试点项目公益性较强、收益性较差的生态环境治理项目与收益较好的关联产业一体化实施，实施主体为桂林经开投资控股有限公司一个市场主体。试点实施年限为 2022—2024 年。

二、依托项目实施进展

本项目建设 2022—2024 年总投资 288064.97 万元，投资计划根据项目进度计划安排实施。

2022 年实施投资额 100022.15 万元，占 34.72%。

2023 年实施投资额 138361.22 万元，占 48.03%。

2024 年实施投资额 49681.60 万元，占 17.25%。

各项目实施情况具体见附件表 6-1。

表6-1 项目实施进度一览表

序号	实施内容　实施年度	第1年度	第2年度	第3年度
1	生态环境保护与修复项目			
1.1	青龙湖生态环境保护与修复			
1.1.1	青龙湖生态环境保护与修复	——		
1.1.2	青龙湖水环境治理		——	
1.2	凤鸣湖生态环境保护与修复			
1.2.1	凤鸣湖生态环境保护与修复	——		
1.2.2	凤鸣湖水环境治理	——		
1.3	罗汉果文化展示水街			
1.3.1	罗汉果文化展示水街	——		
1.3.2	水系连通工程	——		
1.4	乡村振兴示范区			
1.4.1	塘料村生态环境综合整治工程		——	
1.4.2	烟厂坪村生态环境综合整治工程		——	
2	产业开发项目			
2.1	罗汉果产业生态园区			
2.1.1	罗汉果生态加工园	——		
2.1.2	罗汉果生态办公区		——	
2.1.3	罗汉果交易中心		——	
2.2	罗汉果小镇配套设施及市政公用设施			
2.2.1	居住社区			——
2.2.2	邻里汇			——
2.2.3	公租房			——
2.2.4	热能管网	——		
2.2.5	污水预处理站	——		
2.2.6	污水处理厂扩容、提标	——		

序号	实施内容　实施年度	第1年度	第2年度	第3年度
2.2.7	污水处理尾水净化扩容			
2.2.8	市政道路（含管网）			

三、年度计划

（一）第一年度实施内容

完成生态环境治理类项目及相关产业开发项目基础设施，提高经开区环境舒适度，为后期产业招商引资提供良好的环境。主要项目内容有：青龙湖生态环境保护与修复工程、凤鸣湖生态环境保护与修复工程和凤鸣湖水环境治理、罗汉果生态加工园、罗汉果文化展示水街、罗汉果小镇配套设施及市政公用设施［热能管网、污水预处理站、污水处理厂扩容、提标、市政道路（含管网）］。

（二）第二年度实施内容

继续建设上一年度未完成项目，同时完成罗汉果产业开发重点项目，完善罗汉果产业链条，促进罗汉果产业从研究开发、种植、产品加工销售等一、二、三产业融合。主要项目建设内容有：青龙湖水环境治理、罗汉果文化展示水街、塘料村生态环境综合整治工程、烟厂坪村生态环境综合整治工程、罗汉果生态办公区、罗汉果交易中心、罗汉果小镇配套设施及市政公用设施［居住社区、热能管网、污水处理厂扩容、提标、尾水净化扩容、市政道路（含管网）]。

（三）第三年度实施内容

对上两个年度未完成项目进行收尾建设，同时对 EOD 模式试点经验和成效进行总结。主要项目建设内容有：塘料村生态环境综合整治工程、烟厂坪村生态环境综合整治工程、罗汉果小镇配套设施及市政公用设施［居住社区、公租房、热能管网、邻里汇、市政道路（含管网）]。

第七章

投资估算与资金筹措

本项目总投资 288064.97 万元，其中项目工程费用 219810.30 万元（生态环境保护与修复项目 123749.52 万元，产业开发项目 96060.78 万元），工程建设其他费用 33123.93 万元（其中建设用地费 6043.09 万元），预备费 20234.74 万元，建设期贷款利息 14896.00 万元。总投资未包含引进企业投资。初步测算，该项目的实施可带动企业投资超 200 亿元，形成产值超 500 亿元。

一、投资估算

本项目投资估算包括工程费用、工程建设其他费用、预备费及建设期贷款利息等。

（一）编制依据

1.《建设项目投资估算编审规程》（CECA/GC-2015）；

2.《建设工程工程量清单计价规范》（GB50500-2013）；

3.《房屋建筑与装饰工程工程量计算规范》（GB50854-2013）；

4.《建设工程工程量计算规范广西壮族自治区实施细则》（GB50584~50862-2013）；

5.《市政工程工程量计算规范》（GB50857-2013）；

6.《通用安装工程工程量计算规范》（GB50856-2013）；

7.《水利水电工程设计工程量计算规定》（SL 328-2005）；

8.《广西壮族自治区建设工程其他费用定额（2018）》（桂建标〔2018〕37号）；

9.《桂林市建设工程造价信息》2021年第10期；

10. 相关文件资料等。

（二）编制方法

1. 工程费用：参考类似项目采取工程造价指数进行估算。

2. 工程建设其他费用：按照《广西壮族自治区建设工程其他费用定额（2018）》（桂建标〔2018〕37号）进行计算。

3. 基本预备费：按第一部分工程费用与第二部分其他费用之和的8%计算。

4. 建设期利息：拟申请银行贷款180000万元，建设期3年，建设期内分年度均衡发放，每期付息，到期还本，贷款年利率按4.9%计算。

二、资金筹措

（一）项目总投资

本项目总投资 288064.97 万元，其中项目工程费用 219810.30 万元（生态环境保护与修复项目 123749.52 万元，产业开发项目 96060.78 万元），工程建设其他费用 33123.93 万元（其中建设用地费 6043.09 万元），预备费 20234.74 万元，建设期贷款利息 14896.00 万元。具体详见表 7-1、表 7-2 和表 7-3。

（二）投资计划

①实施年限

本项目实施年限为 2022—2024 年。

②项目实施进展

本项目建设 2022—2024 年总投资 288064.97 万元，投资计划根据项目进度计划安排实施。

2022 年实施投资额 100022.15 万元，占 34.72%。

2023 年实施投资额 138361.22 万元，占 48.03%。

2024 年实施投资额 49681.60 万元，占 17.25%。

各项目实施情况具体详见表 7-4、表 7-5 和表 7-6。

（三）资金来源

桂林经开投资控股有限责任公司是桂林市人民政府授权市国有资产监督管理委员会出资设立的国有独资有限公司，截至 2021 年 9 月公司总资产超 115 亿元，筹资能力较好。本项目在资金筹措方面，力争实现项目整体收益与成本平衡，加大招商引资，扩大影响力，不断增加收益良好的产业的比重，充分引进社会资本进行试点建设，减少政府资金投入，不增加地方政府隐性债务。本项目总投资 288064.97 万元，资金来源情况如下：

1. 贷款：拟申请银行贷款 180000 万元，占总投资比例 62.49%。

2. 平台公司资金筹集：108064.97 万元，占总投资比例 37.51%。主要资金来源于以下 4 个渠道：

（1）国家政策性银行贷款 180000 万元。

（2）平台公司资本金 20064.97 万元。主要来源为经营所得及盈余资金。

（3）社会资本投资（招商引资、PPP 等）68000 万元，该部分资金将依法依规采用招标等竞争性方式引入。

（4）政府产业发展专项补助和乡村振兴补助等资金 10000 万元。根据中共桂林市委员会、桂林市人民政府关于印发《实现巩固拓展脱贫攻坚成果同乡村振兴有效衔接的实施方案》的通知（市发〔2021〕7号）、广西壮族自治区发展和改革委员会等四部门联合印发《广西乡村振兴产业发展基础设施公共服务能力提升三年攻坚行动方案 2021 年实施计划项目的通知》（桂发改农经〔2021〕160 号）等相关文件，可申请相关项目的专项补助资金。如未取得上述资金，平台公司将自筹资金予以解决。

（5）专项债券融资 10000 万元。根据桂林市发展和改革委员会、财政局《关于抓紧做好 2021 年政府专项债券项目储备工作的通知》，本项目列入政府专项债券项目储备。

表 7-1　总投资估算表

工程名称：桂林经开区罗汉果小镇生态环境治理与产业发展 EOD 项目

序号	工程或费用名称	估算造价（万元）合计	占总投资比例（%）
一	工程费用	219810.30	76.31%
1	生态环境保护与修复项目	123749.52	42.96%
1.1	青龙湖生态环境保护与修复	41018.00	14.24%
1.1.1	青龙湖生态环境保护与修复	33014.00	11.46%
1.1.2	青龙湖水环境治理与提升	8004.00	2.78%
1.2	凤鸣湖生态环境保护与修复	18117.50	6.29%
1.2.1	凤鸣湖生态环境保护与修复	14517.50	5.04%
1.2.2	凤鸣湖水环境治理与提升	3600.00	1.25%
1.3	罗汉果文化展示水街	52981.63	18.39%
1.3.1	罗汉果文化展示水街	48440.43	16.82%
1.3.2	水系连通工程	4541.20	1.58%
1.4	乡村振兴示范区	11632.39	4.04%
1.4.1	塘料村生态环境综合整治工程	9788.03	3.40%
1.4.2	烟厂坪村生态环境综合整治工程	1844.36	0.64%
2	产业开发项目	96060.78	33.35%
2.1	罗汉果产业生态园区	54124.38	18.79%
2.1.1	罗汉果生态加工园	46757.25	16.23%
2.1.2	生态办公区	2626.00	0.91%
2.1.3	罗汉果交易中心	4741.13	1.65%

续表

序号	工程或费用名称	估算造价（万元）合计	占总投资比例（%）
2.2	罗汉果小镇EOD项目配套公用设施	41936.41	14.56%
2.2.1	居住社区	10322.91	3.58%
2.2.2	公租房	2591.00	0.90%
2.2.3	邻里汇	2045.50	0.71%
2.2.4	热能管网	4977.00	1.73%
2.2.5	污水预处理站	2000.00	0.69%
2.2.6	污水处理厂扩容、提标	4000.00	1.39%
2.2.7	污水处理尾水净化扩容	3000.00	1.04%
2.2.8	市政道路（含管网）	13000.00	4.51%
二	工程建设其他费用	33123.93	11.50%
1	建设管理费	6923.35	2.40%
2	建设用地费	6043.09	2.10%
3	建设项目前期工作咨询费	276.47	0.10%
4	工程勘察设计费	9395.01	3.26%
5	环境影响咨询费	31.77	0.01%
6	劳动安全卫生评审费	659.43	0.23%
7	场地准备及临时设施费	2198.10	0.76%
8	工程保险费	989.15	0.34%
9	检验试验费	2198.10	0.76%
10	城市基础配套设施费	3297.15	1.14%
11	其他费用	1100.80	0.38%
12	生产准备及开办费	11.50	0.004%
三	预备费用	20234.74	7.02%
1	基本预备费	20234.74	7.02%
2	涨价预备费	0.00	
四	建设投资（一+二+三）	273168.97	94.83%
五	建设期贷款利息	14896.00	5.17%
六	流动资金	0.00	
七	项目总投资	288064.97	100.00%

表7-2　单项工程估算汇总表

工程名称：桂林经开区罗汉果小镇生态环境治理与产业发展EOD项目

序号	工程或费用名称	估算造价（万元）				技术经济指标			备注
		建筑工程费	安装工程费	设备购置费	合计	单位	数量	指标（元）	
1	生态环境保护与修复项目	112356.41	11344.45	48.66	123749.52				
1.1	青龙湖生态环境保护与修复	39888.00	1130.00	0.00	41018.00				
1.1.1	青龙湖生态环境保护与修复	31884.00	1130.00	0.00	33014.00				
1.1.1.1	环湖步道、骑行车道	2625.00			2625.00	m²	37500	700.00	
1.1.1.2	生态公园	10250.00			10250.00	m²	205000	500.00	
1.1.1.3	水生态系统构建	14400.00			14400.00	m²	480000	300.00	
1.1.1.4	生态滨水湖岸	315.00			315.00	m²	7000	450.00	
1.1.1.5	绿化亮化	4294.00	1130.00	0.00	5424.00				
1.1.1.5.1	绿化工程	3390.00			3390.00	m²	226000	150.00	
1.1.1.5.2	喷灌系统	904.00			904.00	m²	226000	40.00	
1.1.1.5.3	路灯		1130.00		1130.00	m²	226000	50.00	
1.1.2	青龙湖水环境治理与提升	8004.00			8004.00				
1.2	水生态环境保护与治理	8004.00			8004.00	m²	66700	1200.00	
1.2.1	凤鸣湖生态环境保护与修复	17292.50	825.00	0.00	18117.50				
1.2.1	凤鸣湖生态环境保护与修复	13692.50	825.00	0.00	14517.50				

续表

序号	工程或费用名称	估算造价（万元）				技术经济指标			备注
		建筑工程费	安装工程费	设备购置费	合计	单位	数量	指标（元）	
1.2.1.1	环湖步道、骑行车道	1400.00			1400.00	m²	20000	700.00	
1.2.1.2	生态公园	7500.00			7500.00	m²	150000	500.00	
1.2.1.3	水生生态系统构建	1500.00			1500.00	m²	50000	300.00	
1.2.1.4	生态溪水湖岸	157.50			157.50	m²	3500	450.00	
1.2.1.5	绿化亮化	3135.00	825.00	0.00	3960.00				
1.2.1.5.1	绿化工程	2475.00			2475.00	m²	165000	150.00	
1.2.1.5.2	喷灌系统	660.00			660.00	m²	165000	40.00	
1.2.1.5.3	路灯		825.00		825.00	m²	165000	50.00	
1.2.2	凤鸣湖水环境治理	3600.00			3600.00				
1.2.2.1	凤鸣湖水环境治理与提升	3600.00			3600.00	m²	30000	1200.00	
1.3	罗汉果文化展示水街	45442.28	7499.35	40.00	52981.63				
1.3.1	罗汉果文化展示水街	40931.08	7469.35	40.00	48440.43				
1.3.1.1	建筑工程	38454.00			38454.00	m²	153816	2500.00	
1.3.1.2	安装工程		7229.35		7229.35	m²	153816		
1.3.1.2.1	消防工程		1230.53		1230.53	m²	153816	80.00	
1.3.1.2.2	电气工程		3076.32		3076.32	m²	153816	200.00	
1.3.1.2.3	弱电工程		1845.79		1845.79	m²	153816	120.00	

续表

序号	工程或费用名称	估算造价（万元）				技术经济指标			备注
		建筑工程费	安装工程费	设备购置费	合计	单位	数量	指标（元）	
1.3.1.2.4	室内给排水工程		1076.71		1076.71	m²	153816	70.00	
1.3.1.3	室外配套基础设施	2477.08	240.00	40.00	2757.08				
1.3.1.3.1	道路及广场硬化	1911.77			1911.77	m²	54622	350.00	
1.3.1.3.2	绿化亮化工程	565.31			565.31	m²	37687	150.00	
1.3.1.3.3	室外综合管线		240.00		240.00	m²	80000	30.00	
1.3.1.3.4	环卫设施			40.00	40.00	m²	80000	5.00	
1.3.2	水系连通工程	4511.20	30.00	0.00	4541.20				
1.3.2.1	水系连通工程	1243.20			1243.20	m	2590	4800.00	
1.3.2.2	生态驳岸工程	3000.00			3000.00	m	2000	15000.00	
1.3.2.3	两岸河沟水体改造工程	100.00			100.00	m	2000	500.00	
1.3.2.4	步道建设	112.00			112.00	m	2000	1500.00	
1.3.2.5	绿化亮化工程	56.00	30.00		86.00	m			
1.3.2.5.1	两侧绿化工程	40.00			40.00	m	2000	200.00	
1.3.2.5.2	绿化喷灌系统	16.00			16.00	m	2000	80.00	
1.3.2.5.3	路灯		30.00		30.00	m	2000	150.00	
1.4	乡村振兴示范区	9733.63	1890.10	8.66	11632.39				

续表

序号	工程或费用名称	估算造价（万元）				技术经济指标			备注
		建筑工程费	安装工程费	设备购置费	合计	单位	数量	指标（元）	
1.4.1	塘料村生态环境综合整治工程	8174.31	1606.06	7.66	9788.03				
1.4.1.1	主体建筑工程	4787.75			4787.75				
1.4.1.1.1	村委会建筑面积	1100.00			1100.00	m²	4400	2500.00	
1.4.1.1.2	养老院建筑面积	803.75			803.75	m²	3215	2500.00	
1.4.1.1.3	医务室、活动中心建筑面积	409.25			409.25	m²	1637	2500.00	
1.4.1.1.4	农贸市场建筑面积	2081.25			2081.25	m²	8325	2500.00	
1.4.1.1.5	幼儿园建筑面积	393.50			393.50	m²	1574	2500.00	
1.4.1.2	安装工程		900.10		900.10				
1.4.1.2.1	消防工程		153.21		153.21	m²	19151	80.00	
1.4.1.2.2	电气工程		383.02		383.02	m²	19151	200.00	
1.4.1.2.3	弱电工程		229.81		229.81	m²	19151	120.00	
1.4.1.2.4	室内给排水工程		134.06		134.06	m²	19151	70.00	
1.4.1.3	室外配套基础设施	186.56	45.96	7.66	240.18				
1.4.1.3.1	道路及广场硬化	134.06			134.06	m²	3830	350.00	
1.4.1.3.2	绿化亮化工程	52.50			52.50	m²	3500	150.00	
1.4.1.3.3	室外综合管线		45.96		45.96	m²	15321	30.00	

续表

序号	工程或费用名称	估算造价（万元）				技术经济指标			备注
		建筑工程费	安装工程费	设备购置费	合计	单位	数量	指标（元）	
1.4.1.3.4	环卫设施			7.66	7.66	m²	15321	5.00	
1.4.1.4	整治道路	1050.00			1050.00	m²	30000	350.00	
1.4.1.5	新修道路	900.00			900.00	m²	18000	500.00	
1.4.1.6	新建给水管网（DN150）		48.00		48.00	m	2400	200.00	
1.4.1.7	新建雨水管网		36.00		36.00	m	1800	200.00	
1.4.1.8	新建排污管网（De315）		576.00		576.00	m	4800	1200.00	
1.4.1.9	立面改造	1250.00			1250.00	户	250	50000.00	
1.4.2	烟厂坪村生态环境综合整治工程	1559.33	284.04	1.00	1844.36				
1.4.2.1	主体建筑工程	893.83			893.83				
1.4.2.1.1	新建文化中心建筑面积	561.73			561.73	m²	2246.9	2500.00	
1.4.2.1.2	新建村委会、幼儿园建筑面积	332.10			332.10	m²	1328.4	2500.00	
1.4.2.2	安装工程		168.04		168.04				
1.4.2.2.1	消防工程		28.60		28.60	m²	3575.3	80.00	
1.4.2.2.2	电气工程		71.51		71.51	m²	3575.3	200.00	
1.4.2.2.3	弱电工程		42.90		42.90	m²	3575.3	120.00	

续表

序号	工程或费用名称	估算造价（万元）				技术经济指标			备注
		建筑工程费	安装工程费	设备购置费	合计	单位	数量	指标（元）	
1.4.2.2.4	室内给水工程		25.03		25.03	m²	3575.3	70.00	
1.4.2.3	室外配套基础设施	100.50	6.00	1.00	107.50				
1.4.2.3.1	道路及广场硬化	63.00			63.00	m²	1800	350.00	
1.4.2.3.2	绿化亮化工程	37.50			37.50	m²	2500	150.00	
1.4.2.3.3	室外综合管线		6.00		6.00	m²	2000	30.00	
1.4.2.3.4	环卫设施			1.00	1.00	m²	2000	5.00	
1.4.2.4	整治道路	210.00			210.00	m²	6000	350.00	
1.4.2.5	新修道路	150.00			150.00	m²	3000	500.00	
1.4.2.6	新建给水管网（DN150）		8.00		8.00	m	400	200.00	
1.4.2.7	新建雨水管网		6.00		6.00	m	300	200.00	
1.4.2.8	新建排污管网（De315）		96.00		96.00	m	800	1200.00	
1.4.2.9	立面改造（户）	205.00			205.00	户	41	50000.00	
2	产业开发项目	70979.93	24979.79	101.07	96060.78				
2.1	罗汉果产业生态园区	45765.93	8280.30	78.15	54124.38				
2.1.1	罗汉果生态加工园	39241.75	7449.00	66.50	46757.25				
2.1.1.1	建筑工程	37500.00			37500.00	m²	150000	2500.00	
2.1.1.2	安装工程		7050.00		7050.00	m²			

续表

序号	工程或费用名称	估算造价（万元）				技术经济指标			备注
		建筑工程费	安装工程费	设备购置费	合计	单位	数量	指标（元）	
2.1.1.2.2.1	消防工程		1200.00		1200.00	m²	150000	80.00	
2.1.1.2.2.2	电气工程		3000.00		3000.00	m²	150000	200.00	
2.1.1.2.2.3	弱电工程		1800.00		1800.00	m²	150000	120.00	
2.1.1.2.2.4	室内给排水工程		1050.00		1050.00	m²	150000	70.00	
2.1.1.3	室外配套基础设施	1741.75	399.00	66.50	2207.25				
2.1.1.3.1	道路及广场硬化	1393.00			1393.00	m²	39800	350.00	
2.1.1.3.2	绿化亮化工程	348.75			348.75	m²	23250	150.00	
2.1.1.3.3	室外综合管线		399.00		399.00	m²	133000	30.00	
2.1.1.3.4	环卫设施			66.50	66.50	m²	133000	5.00	
2.1.2	生态办公区	2552.80	70.80	2.40	2626.00				
2.1.2.1	建筑工程	2500.00			2500.00				
2.1.2.1.1	研发办公楼	1250.00			1250.00	m²	5000	2500.00	
2.1.2.1.2	检测中心	1250.00			1250.00	m²	5000	2500.00	
2.1.2.2	安装工程		56.40		56.40	m²			
2.1.2.2.1	消防工程		9.60		9.60	m²	1200	80.00	
2.1.2.2.2	电气工程		24.00		24.00	m²	1200	200.00	
2.1.2.2.3	弱电工程		14.40		14.40	m²	1200	120.00	

序号	工程或费用名称	估算造价（万元）				技术经济指标			备注
		建筑工程费	安装工程费	设备购置费	合计	单位	数量	指标（元）	
2.1.2.2.4	室内给排水工程		8.40		8.40	m²	1200	70.00	
2.1.2.3	室外配套基础设施	52.80	14.40	2.40	69.60				
2.1.2.3.1	道路及广场硬化	42.00			42.00	m²	1200	350.00	
2.1.2.3.2	绿化亮化工程	10.80			10.80	m²	720	150.00	
2.1.2.3.3	室外综合管线		14.40		14.40	m²	4800	30.00	
2.1.2.3.4	环卫设施			2.40	2.40	m²	4800	5.00	
2.1.3	罗汉果交易中心	3971.38	760.50	9.25	4741.13				
2.1.3.1	建筑工程	3750.00			3750.00	m²	15000	2500.00	
2.1.3.2	安装工程		705.00		705.00				
2.1.3.2.1	消防工程		120.00		120.00	m²	15000	80.00	
2.1.3.2.2	电气工程		300.00		300.00	m²	15000	200.00	
2.1.3.2.3	弱电工程		180.00		180.00	m²	15000	120.00	
2.1.3.2.4	室内给排水工程		105.00		105.00	m²	15000	70.00	
2.1.3.3	室外配套基础设施	221.38	55.50	9.25	286.13				
2.1.3.3.1	道路及广场硬化	178.85			178.85	m²	5110	350.00	
2.1.3.3.2	绿化亮化工程	42.53			42.53	m²	2835	150.00	
2.1.3.3.3	室外综合管线		55.50		55.50	m²	18500	30.00	

续表

序号	工程或费用名称	估算造价（万元）				技术经济指标			备注
		建筑工程费	安装工程费	设备购置费	合计	单位	数量	指标（元）	
2.1.3.3.4	环卫设施			9.25	9.25	m²	18500	5.00	
2.2	罗汉果小镇 EOD 项目配套公用设施	25214.00	16699.49	22.92	41936.41				
2.2.1	居住社区	8319.25	1985.99	17.67	10322.91				
2.2.1.1	建筑工程	8000.00			8000.00	m²	40000	2000.00	
2.2.1.2	安装工程		1880.00		1880.00	m²	40000		
2.2.1.2.1	消防工程		320.00		320.00	m²	40000	80.00	
2.2.1.2.2	电气工程		800.00		800.00	m²	40000	200.00	
2.2.1.2.3	弱电工程		480.00		480.00	m²	40000	120.00	
2.2.1.2.4	室内给排水工程		280.00		280.00	m²	40000	70.00	
2.2.1.3	室外配套基础设施	319.25	105.99	17.67	442.91				
2.2.1.3.1	道路及广场硬化	245.00			245.00	m²	7000	350.00	
2.2.1.3.2	绿化亮化工程	74.25			74.25	m²	4950	150.00	
2.2.1.3.3	室外综合管线		105.99		105.99	m²	35330	30.00	
2.2.1.3.4	环卫设施			17.67	17.67	m²	35330	5.00	
2.2.2	公租房	2096.50	491.00	3.50	2591.00				
2.2.2.1	建筑工程	2000.00			2000.00	m²	10000	2000.00	

续表

序号	工程或费用名称	估算造价（万元）				技术经济指标			备注
		建筑工程费	安装工程费	设备购置费	合计	单位	数量	指标（元）	
2.2.2.2.2	安装工程		470.00		470.00	m²			
2.2.2.2.2.1	消防工程		80.00		80.00	m²	10000	80.00	
2.2.2.2.2.2	电气工程		200.00		200.00	m²	10000	200.00	
2.2.2.2.2.3	弱电工程		120.00		120.00	m²	10000	120.00	
2.2.2.2.2.4	室内给排水工程		70.00		70.00	m²	10000	70.00	
2.2.2.2.3	室外配套基础设施	96.50	21.00	3.50	121.00				
2.2.2.2.3.1	道路及广场硬化	77.00			77.00	m²	2200	350.00	
2.2.2.2.3.2	绿化亮化工程	19.50			19.50	m²	1300	150.00	
2.2.2.2.3.3	室外综合管线		21.00		21.00	m²	7000	30.00	
2.2.2.2.3.4	环卫设施			3.50	3.50		7000	5.00	
2.2.2.3	邻里汇	1798.25	245.50	1.75	2045.50				
2.2.2.3.1	建筑工程	1250.00			1250.00	m²	5000	2500.00	
2.2.2.3.2	装修装饰工程	500.00				m²	5000	1000.00	
2.2.2.3.3	安装工程		235.00		235.00	m²			
2.2.2.3.3.1	消防工程		40.00		40.00	m²	5000	80.00	
2.2.2.3.3.2	电气工程		100.00		100.00	m²	5000	200.00	
2.2.2.3.3.3	弱电工程		60.00		60.00	m²	5000	120.00	

续表

序号	工程或费用名称	估算造价（万元）				技术经济指标			备注
		建筑工程费	安装工程费	设备购置费	合计	单位	数量	指标（元）	
2.2.3.3.4	室内给排水工程		35.00		35.00	m²	5000	70.00	
2.2.3.4	室外配套基础设施	48.25	10.50	1.75	60.50	m²	1100	350.00	
2.2.3.4.1	道路及广场硬化	38.50			38.50	m²	650	150.00	
2.2.3.4.2	绿化亮化工程	9.75			9.75	m²	3500	30.00	
2.2.3.4.3	室外综合管线		10.50		10.50	m²	3500	5.00	
2.2.3.4.4	环卫设施			1.75	1.75				
2.2.4	热能管网		4977.00		4977.00	万 m²	59.25	84.00	
2.2.5	污水预处理站		2000.00		2000.00	t	5000	4000.00	
2.2.6	污水处理厂扩容、提标		4000.00		4000.00	t	10000	4000.00	
2.2.7	污水处理尾水净化扩容		3000.00		3000.00	t	10000	3000.00	
2.2.8	市政道路（含管网）	13000.00			13000.00	m	7950	16352.20	

表 7-3　工程建设其他费用汇总表

工程名称：桂林经开区罗汉果小镇生态环境治理与产业发展 EOD 项目

序号	费用名称	计算公式或依据	金额（万元）	备注
	合计		33123.93	
1	建设管理费		6923.35	
1.1	项目建设管理费	（工程总投资 − 100000）* 0.4% +940	1658.28	桂建标〔2018〕37 号
1.2	建设工程施工图设计文件审查费	勘察设计费 * 1%	93.95	桂建标〔2018〕37 号
1.3	招标代理服务费		688.19	
1.3.1	工程招标	按建筑安装工程费以差额定率分档累进方法计算	488.80	桂建标〔2018〕37 号
1.3.2	监理招标	按监理费以差额定率分档累进方法计算	64.92	桂建标〔2018〕37 号
1.3.3	勘察设计招标	按勘察设计费以差额定率分档累进方法计算	134.47	桂建标〔2018〕37 号
1.4	工程实施阶段造价咨询费	按建筑安装工程费以差额定率分档累进方法计算	2140.96	桂建标〔2018〕37 号
1.5	工程监理费	（3906.08 − 2170.00）/（400000 − 200000）*（工程费用 − 200000）+2170.00	2341.96	桂建标〔2018〕37 号
2	建设用地费		6043.09	

续表

序号	费用名称	计算公式或依据	金额（万元）	备注
2.1	土地补偿及安置补助费	1036 亩 * 52331 元/亩	5421.49	市政规〔2020〕11 号
2.2	地上附着物和青苗补偿费	1036 亩 * 5000 元/亩	518.00	永政规〔2020〕2 号综合计算
2.3	耕地开垦费、耕地占用税等其他费用	1036 亩 * 1000 元/亩	103.60	按当地相关文件综合计算
3	建设项目前期工作咨询费		276.47	
3.1	编制项目建议书	［（80－44）/（500000－100000）*（工程总投资－100000）+44.00〕*1 * 1.2	72.19	桂建标〔2018〕37 号
3.2	编制可行性研究报告	［（160－88）/（500000－100000）*（工程总投资－100000）+88.00〕*1 * 1.2	144.39	桂建标〔2018〕37 号
3.3	评估项目建议书	［（13.6-12）/（500000－100000）*（工程总投资－100000）+13.60〕*1 * 1.2	17.18	桂建标〔2018〕37 号
3.4	评估可行性研究报告	［（20－16）/（500000－100000）*（工程总投资－100000）+16.00〕*1 * 1.2	21.35	桂建标〔2018〕37 号
3.5	初步设计文件评估咨询	［（20－16）/（500000－100000）*（工程总投资－100000）+16.00〕*1 * 1.2	21.35	桂建标〔2018〕37 号
4	工程勘察设计费		9395.01	

续表

序号	费用名称	计算公式或依据	金额（万元）	备注
4.1	工程勘察费		4396.21	
4.1.1	初步勘察及详细勘察	工程费用 * 0.5%	1099.05	桂建标〔2018〕37号
4.1.2	施工勘察	工程费用 * 1.5%	3297.15	桂建标〔2018〕37号
4.2	工程设计费	$[（7449.03 - 4005.72）/（400000 - 200000）*（工程费用 - 200000）+ 4005.72] * 1 * 1.15 * 1$	4998.80	桂建标〔2018〕37号
5	环境影响咨询费		31.77	
5.1	编制环境影响报告书	（45-21）/（500000-100000）*（工程总投资-100000）+21.00	31.77	桂建标〔2018〕37号
6	劳动安全卫生评审费	工程费用 * 0.3%	659.43	桂建标〔2018〕37号
7	场地准备及临时设施费	工程费用 * 1%	2198.10	桂建标〔2018〕37号
8	工程保险费	工程费用 * 0.45%	989.15	桂建标〔2018〕37号
9	检验试验费	工程费用 * 1%	2198.10	桂建标〔2018〕37号
10	城市基础配套设施费	工程费用 * 1.5%	3297.15	桂建标〔2018〕37号
11	其他费用		1100.80	
11.1	水土保持设施补偿费水土流失防治费		276.80	
11.1.1	水土保持设施补偿费		118.80	桂价费〔2017〕37号
11.1.2	水土流失防治费		108.00	桂价费〔2017〕37号

续表

序号	费用名称	计算公式或依据	金额(万元)	备注
11.1.3	水土保持方案编制费		50.00	按市场价格
11.2	白蚁防治费		424.00	按市场价格
11.3	城市建筑垃圾处置费	3元/吨	400.00	按当地相关文件
12	生产准备及开办费		11.50	
12.1	办公和生活家具购置费	50人*2000元/人	10.00	
12.2	工器具及生产家具购置费	工程费用设备购置费*1%	1.50	

表7-4 2022年投资计划表

序号	工程或费用名称	总投资(万元)	工程费用(万元)	工程建设其他费用(万元)	预备费(万元)	建设期利息(万元)	投资结构	
							贷款(万元)	平台公司多渠道筹资(万元)
	合计	100022.15	76322.71	11501.32	7025.92	5172.20	63000.00	37022.15
1	生态环境保护与修复项目	55370.60	42250.99	6366.94	3889.43	2863.24	34875.75	20494.85
1.1	青龙湖生态环境保护与修复	12979.61	9904.20	1492.50	911.74	671.18	8175.35	4804.27
1.1.1	青龙湖生态环境保护与修复	12979.61	9904.20	1492.50	911.74	671.18	8175.35	4804.27
1.1.2	青龙湖水环境治理与提升	0.00	0.00	0.00	0.00	0.00	0.00	0.00

序号	工程或费用名称	总投资（万元）	工程费用（万元）	工程建设其他费用（万元）	预备费（万元）	建设期利息（万元）	投资结构	
							贷款（万元）	平台公司多渠道筹资（万元）
1.2	凤鸣湖生态环境保护与修复	23743.28	18117.50	2730.19	1667.81	1227.78	14954.95	8788.33
1.2.1	凤鸣湖生态环境保护与修复	19025.42	14517.50	2187.69	1336.42	983.82	11983.36	7042.06
1.2.2	凤鸣湖水环境治理与提升	4717.86	3600.00	542.50	331.40	243.96	2971.59	1746.27
1.3	罗汉果文化展示水街	18647.71	14229.29	2144.26	1309.88	964.28	11745.46	6902.25
1.3.1	罗汉果文化展示街	12696.39	9688.09	1459.93	891.84	656.54	7996.96	4699.44
1.3.2	水系连通工程	5951.32	4541.20	684.33	418.04	307.75	3748.50	2202.82
1.4	乡村振兴示范区	0.00	0.00	0.00	0.00	0.00	0.00	0.00
1.4.1	塘料村生态环境综合整治工程	0.00	0.00	0.00	0.00	0.00	0.00	0.00
1.4.2	烟厂坪村生态环境综合整治工程	0.00	0.00	0.00	0.00	0.00	0.00	0.00
2	产业开发项目	44651.55	34071.73	5134.38	3136.49	2308.96	28124.25	16527.30
2.1	罗汉果产业生态园区	30638.07	23378.63	3523.00	2152.13	1584.31	19297.71	11340.36
2.1.1	罗汉果生态加工园	30638.07	23378.63	3523.00	2152.13	1584.31	19297.71	11340.36
2.1.2	生态办公区	0.00	0.00	0.00	0.00	0.00	0.00	0.00
2.1.3	罗汉果交易中心	0.00	0.00	0.00	0.00	0.00	0.00	0.00

续表

序号	工程或费用名称	总投资（万元）	工程费用（万元）	工程建设其他费用（万元）	预备费（万元）	建设期利息（万元）	投资结构	
							贷款（万元）	平台公司多渠道筹资（万元）
2.2	罗汉果小镇 EOD 项目配套公用设施	14013.48	10693.10	1611.38	984.36	724.64	8826.54	5186.94
2.2.1	居住社区	0.00	0.00	0.00	0.00	0.00	0.00	0.00
2.2.2	公租房	0.00	0.00	0.00	0.00	0.00	0.00	0.00
2.2.3	邻里汇	0.00	0.00	0.00	0.00	0.00	0.00	0.00
2.2.4	热能管网	1956.73	1493.10	225.00	137.45	101.18	1232.47	724.26
2.2.5	污水预处理站	2621.03	2000.00	301.39	184.11	135.54	1650.88	970.15
2.2.6	污水处理厂扩容、提标	2621.03	2000.00	301.39	184.11	135.54	1650.88	970.15
2.2.7	污水处理尾水净化扩容	0.00	0.00	0.00	0.00	0.00	0.00	0.00
2.2.8	市政道路（含管网）	6814.68	5200.00	783.60	478.69	352.39	4292.30	2522.38

表 7-5　2023 年投资计划表

序号	工程或费用名称	总投资（万元）	工程费用（万元）	工程建设其他费用（万元）	预备费（万元）	建设期利息（万元）	投资结构	
							贷款（万元）	平台公司多渠道筹资（万元）
	合计	138361.22	105577.65	15909.84	9719.00	7154.74	88000.00	50361.22
1	生态环境保护与修复项目	80138.34	61150.21	9214.92	5629.21	4144.00	50969.30	29169.05
1.1	青龙湖生态环境保护与修复	40775.14	31113.80	4688.64	2864.20	2108.51	25933.66	14841.48
1.1.1	青龙湖生态环境保护与修复	30285.77	23109.80	3482.49	2127.38	1566.09	19262.24	11023.52
1.1.2	青龙湖水环境治理与提升	10489.37	8004.00	1206.15	736.81	542.41	6671.41	3817.96
1.2	凤鸣湖生态环境保护与修复	0.00	0.00	0.00	0.00	0.00	0.00	0.00
1.2.1	凤鸣湖生态环境保护与修复	0.00	0.00	0.00	0.00	0.00	0.00	0.00
1.2.2	凤鸣湖水环境治理与提升	0.00	0.00	0.00	0.00	0.00	0.00	0.00
1.3	罗汉果文化展示水街	31740.98	24220.21	3649.82	2229.60	1641.34	20187.78	11553.20
1.3.1	罗汉果文化展示水街	31740.98	24220.21	3649.82	2229.60	1641.34	20187.78	11553.20
1.3.2	水系连通工程	0.00	0.00	0.00	0.00	0.00	0.00	0.00
1.4	乡村振兴示范区	7622.22	5816.20	876.46	535.41	394.15	4847.86	2774.36
1.4.1	塘料村生态环境综合整治工程	6413.68	4894.01	737.49	450.52	331.66	4079.21	2334.48
1.4.2	烟厂坪村生态环境综合整治工程	1208.53	922.18	138.97	84.89	62.49	768.65	439.89

续表

序号	工程或费用名称	总投资 （万元）	工程费用 （万元）	工程建设 其他费用 （万元）	预备费 （万元）	建设期 利息 （万元）	投资结构	
							贷款 （万元）	平台公司 多渠道筹资 （万元）
2	产业开发项目	58222.88	44427.44	6694.92	4089.79	3010.74	37030.70	21192.18
2.1	罗汉果产业生态园区	37186.14	28375.19	4275.95	2612.09	1922.92	23651.00	13535.15
2.1.1	罗汉果生态加工园	30638.07	23378.63	3523.00	2152.13	1584.31	19486.31	11151.76
2.1.2	生态办公区	3441.42	2626.00	395.72	241.74	177.96	2188.80	1252.62
2.1.3	罗汉果交易中心	3106.66	2370.56	357.23	218.22	160.65	1975.89	1130.77
2.2	罗汉果小镇 EOD 项目配套公用设施	21036.74	16052.25	2418.97	1477.70	1087.82	13379.71	7657.03
2.2.1	居住社区	6764.17	5161.45	777.80	475.14	349.78	4302.12	2462.05
2.2.2	公租房	0.00	0.00	0.00	0.00	0.00	0.00	0.00
2.2.3	邻里汇	0.00	0.00	0.00	0.00	0.00	0.00	0.00
2.2.4	热能管网	2608.98	1990.80	300.00	183.26	134.91	1659.35	949.62
2.2.5	污水预处理站	0.00	0.00	0.00	0.00	0.00	0.00	0.00
2.2.6	污水处理厂扩容、提标	2621.03	2000.00	301.39	184.11	135.54	1667.02	954.01
2.2.7	污水处理尾水净化扩容	3931.55	3000.00	452.08	276.17	203.30	2500.53	1431.02
2.2.8	市政道路（含管网）	5111.01	3900.00	587.70	359.02	264.29	3250.69	1860.33

表7-6 2024年投资计划表

序号	工程或费用名称	总投资（万元）	工程费用（万元）	工程建设其他费用（万元）	预备费（万元）	建设期利息（万元）	投资结构	
							贷款（万元）	平台公司多渠道筹资（万元）
	合计	49681.60	37909.94	5712.77	3489.82	2569.06	29000.00	20681.59
1	生态环境保护与修复项目	26666.81	20348.32	3066.36	1873.17	1378.96	15565.88	11100.93
1.1	青龙湖生态环境保护与修复	0.00	0.00	0.00	0.00	0.00	0.00	0.00
1.1.1	青龙湖生态环境保护与修复	0.00	0.00	0.00	0.00	0.00	0.00	0.00
1.1.2	青龙湖水环境治理与提升	0.00	0.00	0.00	0.00	0.00	0.00	0.00
1.2	凤鸣湖生态环境保护与修复	0.00	0.00	0.00	0.00	0.00	0.00	0.00
1.2.1	凤鸣湖生态环境保护与修复	0.00	0.00	0.00	0.00	0.00	0.00	0.00
1.2.2	凤鸣湖水环境治理与提升	0.00	0.00	0.00	0.00	0.00	0.00	0.00
1.3	罗汉果文化展示水街	19044.59	14532.13	2189.89	1337.76	984.81	11116.66	7927.93
1.3.1	罗汉果文化展示水街	19044.59	14532.13	2189.89	1337.76	984.81	11116.66	7927.93
1.3.2	水系连通工程	0.00	0.00	0.00	0.00	0.00	0.00	0.00
1.4	乡村振兴示范区	7622.22	5816.20	876.46	535.41	394.15	4449.22	3173.00
1.4.1	塘料村生态环境综合整治工程	6413.68	4894.01	737.49	450.52	331.66	3743.78	2669.91
1.4.2	烟厂坪村生态环境综合整治工程	1208.53	922.18	138.97	84.89	62.49	705.44	503.09

续表

序号	工程或费用名称	总投资（万元）	工程费用（万元）	工程建设其他费用（万元）	预备费（万元）	建设期利息（万元）	投资结构	
							贷款（万元）	平台公司多渠道筹资（万元）
2	产业开发项目	23014.78	17561.62	2646.42	1616.64	1190.11	13434.12	9580.66
2.1	罗汉果产业生态园区	3106.66	2370.56	357.23	218.22	160.65	1813.41	1293.25
2.1.1	罗汉果生态加工园	0.00	0.00	0.00	0.00	0.00	0.00	0.00
2.1.2	生态办公区	0.00	0.00	0.00	0.00	0.00	0.00	0.00
2.1.3	罗汉果交易中心	3106.66	2370.56	357.23	218.22	160.65	1813.41	1293.25
2.2	罗汉果小镇EOD项目配套公用设施	19908.12	15191.05	2289.19	1398.42	1029.46	11620.71	8287.41
2.2.1	居住社区	6764.17	5161.45	777.80	475.14	349.78	3948.36	2815.81
2.2.2	公租房	3395.55	2591.00	390.45	238.52	175.59	1982.04	1413.51
2.2.3	邻里汇	2680.66	2045.50	308.24	188.30	138.62	1564.75	1115.91
2.2.4	热能管网	1956.73	1493.10	225.00	137.45	101.18	1142.18	814.55
2.2.5	污水预处理站	0.00	0.00	0.00	0.00	0.00	0.00	0.00
2.2.6	污水处理厂扩容、提标	0.00	0.00	0.00	0.00	0.00	0.00	0.00
2.2.7	污水处理尾水净化扩容	0.00	0.00	0.00	0.00	0.00	0.00	0.00
2.2.8	市政道路（含管网）	5111.01	3900.00	587.70	359.02	264.29	2983.39	2127.63

第八章

项目预期收益、支出及资金平衡方案

一、财务测算边界条件

（一）建设期及资金使用计划

项目计算期按 20 年计，其中建设期为 3 年，运营期为 17 年。贷款按年利率 4.9%计算，基准内部收益率为 8%。

项目建设资金使用根据资金来源的稳定性和可操作性推进实施（如表 8-1），2022 年实施投资额 100022.15 万元，约占 34.72%。2023 年实施投资额 138361.22 万元，约占 48.03%。2024 年实施投资额 49681.60 万元，约占 17.25%。

表 8-1　不同年份实施情况　　　　　　　　　　单位：万元

年份	项目	银行贷款	自筹资金	合计
2022	实施金额	63000.00	37022.15	100022.15
	实施率	35.00%	34.26%	34.72%

年份	项 目	银行贷款	自筹资金	合计
2023	实施金额	88000.00	50361.22	138361.22
	实施率	48.89%	46.60%	48.03%
2024	实施金额	29000.00	20681.60	49681.60
	实施率	16.11%	19.14%	17.25%
合计		180000.00	108064.97	288064.97

（二）资金来源

本试点项目总投资为 288064.97 万元，具体资金筹措来源如表 8-2。

表 8-2 资金来源表　　　　　　　　　单位：万元

银行贷款	平台公司多渠道筹集				合计
	资本金	社会资本投资	专项补助资金	专项债券融资	
180000	20064.97	68000	10000	10000	288064.97

二、预期收益、支出测算

（一）产业经营预期收益

罗汉果主产于广西桂林，桂林占有全世界 85% 以上的产量，是桂林的名优特产之一。将罗汉果小镇创建为国家 4A 级景区，以罗汉果特色产业为主导，实现一、二、三产业融合发展，打造成科技与文化结合、工业与旅游融合的国家级特色小镇。在现有产能基础上，保守估计项目建设完成后，年收益将达到 46484.00 万元。

1. 出租收入

根据可出租面积，考虑市场规律及影响因素，预测如表 8-3。

表 8-3　年出租收入估算表

工程名称		面积 m²	单价（元/月）	出租率	金额（万元）
塘料村	养老院建筑	3215.00	30.00	95%	109.95
	医务室	637.00	30.00	95%	21.79
	农贸市场建筑	8325.00	90.00	100%	899.10
	幼儿园建筑	1574.00	30.00	95%	53.83
烟厂坪村	幼儿园建筑	1000.00	30.00	95%	34.20
产业开发项目	罗汉果文化展示水街	153816.00	90.00	100%	16612.13
	罗汉果生态加工园	150000.00	80.00	100%	14400.00
	研发办公楼	5000.00	90.00	100%	540.00
	检测中心	5000.00	90.00	100%	540.00
	罗汉果交易中心	15000.00	70.00	100%	1260.00
配套公用设施	居住社区	40000.00	30.00	95%	1368.00
	公租房	10000	30	100%	360.00
	邻里汇	5000	50	95%	285.00
合　计					36484.00

2. 文旅收益

考虑到特色小镇与周边青龙湖、西登山、狮子湖、生态旅游示范园的区域旅游共轭关系，以及未来罗汉果专题会议召开对旅游人口的吸引，预计未来特色小镇的年游客人数为 150 万~200 万人。

人均消费水平主要来自以下部分：

∑人均消费水平＝旅游产品购买 + 酒店住宿 + 餐饮娱乐 + 其他费用

旅游产品购买＝门票购买+旅游商品购买

酒店住宿= 游客量 * 住宿率

购物餐饮＝游憩娱乐收入+部分餐饮

其他费用＝主题会议+通勤费用

表 8-4　国内部分景点人均消费水平一览表

旅游景点	人均消费水平（元）	旅游景点	人均消费水平（元）
西塘	250	漓江	180
新叶	180	同里	200
大纵湖	280	舟山	220
宋城	180	金坑大寨	190
阳朔	220	乌镇	300

初步测算，罗汉果特色小镇人均消费水平为 120～150 元。旅游产业产值＝游客量×人均消费，为 18000 万～30000 万元。

根据产业规划及市场规律及行业特点分析，文旅预计产值为 25000 万元，文旅经营成本约为 60%，文旅产业预计收益为 10000 万元。

3. 收入现金流量

在经营期内，根据市场规律及行业特点预测，具体预测情况如表8-5。

表8-5 收入现金流量表

单位：万元

序号	项目	合计	建设期			运营期			
			1	2	3	4	5	6	7
1	收入现金总量	1233651.03	97756.00	135226.45	48555.98	46484.00	46484.00	46484.00	46484.00
2	银行贷款	180000.00	63000.00	88000.00	29000.00				
3	其他自筹资金	101538.43	34756.00	47226.45	19555.98				
4	场地出租	620228.00	36484.00	36484.00	36484.00	36484.00	36484.00	36484.00	36484.00
5	文旅收益	170000.00	10000.00	10000.00	10000.00	10000.00	10000.00	10000.00	10000.00
6	期末资产价值	161884.60							

续表8-5 收入现金流量表

单位：万元

序号	项目	合计	运营期									
			8	9	10	11	12	13	14	15	16	17
1	收入现金总量	1233651.03	46484.00	46484.00	46484.00	46484.00	46484.00	46484.00	46484.00	46484.00	46484.00	208368.60
2	银行贷款	180000.00										
3	其他自筹资金	101538.43										
4	场地出租	620228.00	36484.00	36484.00	36484.00	36484.00	36484.00	36484.00	36484.00	36484.00	36484.00	36484.00
5	文旅收益	170000.00	10000.00	10000.00	10000.00	10000.00	10000.00	10000.00	10000.00	10000.00	10000.00	10000.00
6	期末资产价值	161884.60										161884.60

（二）生态环境服务产品收益

随着桂林国际旅游胜地建设全面推进，城市旅游服务功能进一步提升。旅游服务体系日趋完善，相关旅游配套政策逐步落实，桂林旅游的国际影响力进一步扩大。本项目为城镇化建设项目，它为国民经济所做的贡献主要为社会的间接利益；主要的经济效益是促进工业生产，改善城镇基础设施条件，其社会效益是改善环境、减少疾病，提高人民的健康水平等。随着种植技术的提高，建成该试点后将带动罗汉果种植业达27万亩，亩产1.2万个，产果总量达32.4亿个。这些项目全部建成后，预计可带动产业人口约2万人，年产值100亿元以上。根据《苏桥罗汉果产业开发特色小镇规划》文件及相关情况，本试点产值预估情况如表8-6。

表8-6 产值估算表　　　　　　　　　　　　　单位：亿元

产业类		可研产值预估
生产加工	罗汉果深加工	6.00
	食品加工	26.32
	医药产业	47.69
研发及配套		19.01
旅游产值		2.50
总产值		101.52

（三）支出测算

项目支出部分主要包括建设期和运营期两个阶段。运营期主要为生态反哺和偿还贷款支出，还款采用每期还息、到期还本的偿还方式。具体数据如表8-7。

单位：万元

表 8-7 支出现金流量表

序号	项目	合计	建设期			运营期						
			1	2	3	1	2	3	4	5	6	7
1	支出现金总量	796039.17	100022.15	138361.22	49681.60	19292.60	19292.60	19292.60	19292.60	19292.60	19292.60	19292.60
2	项目建设	288064.97	100022.15	138361.22	49681.60							
3	利息及本金	329940.00				8820.00	8820.00	8820.00	8820.00	8820.00	8820.00	8820.00
4	生态反哺	178034.20				10472.60	10472.60	10472.60	10472.60	10472.60	10472.60	10472.60

8-7 支出现金流量表

序号	项目	合计	运营期									
			8	9	10	11	12	13	14	15	16	17
1	支出现金总量	796039.17	19292.60	19292.60	19292.60	19292.60	19292.60	19292.60	19292.60	19292.60	19292.60	199292.60
2	项目建设	288064.97										
3	利息及本金	329940.00	8820.00	8820.00	8820.00	8820.00	8820.00	8820.00	8820.00	8820.00	8820.00	188820.00
4	生态反哺	178034.20	10472.60	10472.60	10472.60	10472.60	10472.60	10472.60	10472.60	10472.60	10472.60	10472.60

三、财务测算与效益分析

(一) 财务测算

项目具体现金流量情况，见表 8-8 投资现金流量表。

(二) 效益分析

1. 财务净现值

财务净现值指按行业基准收益率 8%，将项目期内的各年净现金流量折现到建设期初的现值之和。它是考察项目分析期内盈利能力的动态评价指标。项目所得税前投资财务净现值为 45623.17 万元，项目所得税后投资财务净现值为 11963.87 万元，均大于 0。

2. 投资回收期

投资回收期是指以项目的净收益抵偿全部投资的时间，它是考察在财务上的投资回收能力的主要评价指标。项目投资回收期为 12.18 年，小于 20 年。

3. 财务内部收益率

财务内部收益率是指项目各分析期内各年净现金流量现值累积等于零时的折现率。它反映项目投入资金的盈利率。项目所得税前财务内部收益率为 9.95%，项目所得税后财务内部收益率为 8.52%，均大于基准收益率 8%。

表8-8 投资现金流量表

单位：万元

序号	项目	合计	建设期			运营期						
			1	2	3	1	2	3	4	5	6	7
1	收入	1243930.37	100022.15	138361.22	49681.60	46484.00	46484.00	46484.00	46484.00	46484.00	46484.00	46484.00
2	流出	796039.17	100022.15	138361.22	49681.60	19292.60	19292.60	19292.60	19292.60	19292.60	19292.60	19292.60
3	所得税前净现金流量	447891.20	0.00	0.00	0.00	27191.40	27191.40	27191.40	27191.40	27191.40	27191.40	27191.40
4	累积所得税前净现金流量	447891.20	0.00	0.00	0.00	27191.40	54382.80	81574.20	108765.60	135957.00	163148.40	190339.80
5	调整所得税	79022.80				4648.40	4648.40	4648.40	4648.40	4648.40	4648.40	4648.40
6	所得税后净现金流量	368868.40	0.00	0.00	0.00	22543.00	22543.00	22543.00	22543.00	22543.00	22543.00	22543.00
7	累积所得税后净现金流量	368868.40	0.00	0.00	0.00	22543.00	45086.00	67629.00	90172.00	112715.00	135258.00	157801.00

续表

序号	项目	合计	运营期									
			8	9	10	11	12	13	14	15	16	17
1	收入	1243930.37	46484.00	46484.00	46484.00	46484.00	46484.00	46484.00	46484.00	46484.00	46484.00	212121.40
2	流出	796039.17	19292.60	19292.60	19292.60	19292.60	19292.60	19292.60	19292.60	19292.60	19292.60	199292.60
3	所得税前净现金流量	447891.20	27191.40	27191.40	27191.40	27191.40	27191.40	27191.40	27191.40	27191.40	27191.40	12828.80
4	累积所得税前净现金流量	447891.20	217531.20	244722.60	271914.00	299105.40	326256.80	353488.20	380679.60	407871.00	435062.40	447891.20
5	调整所得税	79022.80	4648.40	4648.40	4648.40	4648.40	4648.40	4648.40	4648.40	4648.40	4648.40	4648.40
6	所得税后净现金流量	368868.40	22543.00	22543.00	22543.00	22543.00	22543.00	22543.00	22543.00	22543.00	22543.00	8180.40
7	累积所得税后净现金流量	368868.40	180344.00	202887.00	225430.00	247973.00	27056.00	293059.00	315602.00	338145.00	360688.00	368868.40

4. 项目资金平衡分析

通过以上财务分析，相关指标均符合项目投资分析标准规定的要求，在项目边界范围内能达到资金平衡，财务评价是可行的。

四、反哺能力分析

本试点项目注重公益性较强、收益性较差的生态环境治理项目与收益较好的关联产业一体化实施，系统解决了区域突出的生态保护修复和环境治理问题，试点依托项目之间相互关联、有效融合。根据财务测算，在项目边界范围内能实现项目整体收益与成本平衡，不需要政府资金投入，具有较强的抗风险能力，项目反哺能力强。

本试点产业项目收益每年可提取 10472.60 万元反哺生态环境持续改善，保障罗汉果小镇生态产业与生态环境良性循环发展。

表 8-9 反哺能力分析表　　　　　　　　　　单位：万元

产业收益类型	产业反哺形式	产业收益	反哺比例	反哺金额
生态厂房、办公楼等租赁	每年	36484.00	15%	5472.60
文旅收益	每年	10000.00	50%	5000.00
合计				10472.60

第九章

与传统实施方式的差异性分析

与传统的实施方式相比，试点在生态环境治理投融资机制、环境治理成效、推进路径和组织管理方式等方面有较大的差异性，主要体现在以下四方面。

一、强化生态环境治理与产业开发一体化理念

"十三五"以来，我国生态环境治理模式创新迫在眉睫，"生态环境导向的开发模式"是国家层面生态环境治理与产业导入、资源禀赋、使用者付费等多种市场化投资回报机制、"两山"转化路径的有益探索，对于破解我国目前存在的"两山"生态价值转化机制等管理具有重要意义。本试点在罗汉果小镇范围内将生态环境治理与开发一体化实施，统筹兼顾，立足罗汉果小镇为核心区域，辐射整个经开区的生态环境。

试点建设项目总投资约 28.8 亿元，主要涉及生态环境治理和特色产业链构建等。第一类：生态环境治理工程，主要涉及青龙湖以及凤鸣湖的生态环境保护与修复、水环境治理，乡村振兴示范区生态环境

综合治理等。第二类：罗汉果产业开发，主要围绕"罗汉果加工"特色产业，涉及罗汉果的生产、加工、研发、推广，建设项目覆盖生产、加工、推广、旅游等全链条。将突出生态环境问题"打捆"进行系统治理，并与产业充分融合，在本试点中得以充分体现和贯彻，体现多种一体化融合。

二、实现生态价值与产业经济深度融合

桂林经开区罗汉果小镇是国家 3A 级景区，绿水青山成为经开区最亮丽的风景线，具有良好的"两山"理论转化基础。这些都是生态价值的具体体现，也是产业价值的体现。经初步评估，经开区生态资产潜力较大，还有大部分价值未计入，需要进一步核算。这些价值如同种植业、旅游业一样，是可以货币化的。市场是干预社会发展的无形的手，能发挥极大的作用，需因地制宜、先试先行，能实现公益项目与经营项目统筹兼顾。产业类型的再定义与构建、量化产业对生态环境治理的反哺能力水平、不同投融资资金解决方案下生态环境治理与产业一体化推进模式、资源产业同质化较高区域发展模式等内容，通过方案设计，将产业开发与环境治理一体化实施，统筹考虑分散在各个部门的要素。尽管生态文明制度建设在全国部分地区已开展相关工作，但是将生态价值转化成产业价值等类似研究和实践的在国内较少。因此，本试点在促进生态产品价值市场化，以生态价值促进产业经济，以产业经济促进生态价值，实现收益互补，打通"两山"转化机制。

三、实施多组合全过程质量管理运作模式

在运作模式上，对将开展的生态环境治理与相关产业工程项目进行再组合，开展项目的设计、建设、运营、维护、管理等全过程管理，目前采用 EPC 总承包方式进行项目管理运作，拟在后期尝试运用 DBOO 模式。

考虑到生态环境保护与修复、水环境治理等工程项目投融资压力较大，拟对投融资平台匹配一定的资源，实现造血功能，根据项目主体单位的优势资源，采用 EPC、DBOO 模式（设计—建设—拥有—运营），由依托项目承担单位承担新建项目设计、融资、建造、运营、维护职责。与以往的项目不同，本试点通过边治理边开发边转化收益模式，实现自然资源生态产品价值等最大化收益。

四、探索创新生态价值作为投融资模式

借助各种方式，充分用足用活政策，通过上级支持、市级统筹、招商引资等渠道，拓展生态补偿、资源有偿使用等作为投融资方式，采用收益前置注入的方式，直接进行反哺。同时，做足资金风险防范预案。一是在环境治理方案上，依托良好的自然资源，拟采用边治理边开发边转化的方式，将收益前置注入；二是加大招商引资，扩大影响力，持续优化，不断增加收益良好的产业的比重及反哺；三是充分利用企业的多重增信，加大推进信用担保、应收款项质押担保、第三方保证担保等多种担保方式结合。试点用足了各种渠道融资，特别是在生态产品市场化实践方式上，契合国家发展方向。

第十章

试点产出

本试点以桂林经开区作为示范区，采取产业链延伸、联合经营、组合开发等方式，推动公益性较强、收益性较差的生态环境治理项目与收益较好的关联产业有效融合与一体化实施，探索自然资源和经济发展的关系，以及自然资源变资产、资产变资本的生态价值市场化转化路径，最终实现"高生态价值、高产业价值、高附加值多轮驱动反哺生态环境治理"。

一、政策机制创新

一直以来，生态环境治理投资主要来源于各级政府财政预算内资金、地方债券、社会资本等。受防范金融风险、化解地方政府债务风险等政策影响，公益类、纯政府付费的生态环境治理项目面临总体投入不足、投融资渠道不畅等问题，表现在产业方面即为环保产业潜在市场难以转化为现实市场。以政府投资为主的格局与财政资金有限之间的矛盾，造成环保产业潜在市场与现实市场存在较大差距。同时，由于投资回报机制与生态产品价值转化机制不健全，生态环境治理与生态环境质量改善带来的价值提升相互割裂，环保产业缺乏自我造血功能，可持续发展能力有待提高。所以，构建市场主导的社会治理模式意义重大。试点采用了 EPC 总承包+DBOO 相结合的市场模式，以桂林经开投资控股有限公司为市场主体，开展项目的规划、设计、投融资、建设、运营、维护、管理等全过程管理。在传统方式的基础上，创新融入了生态补偿投融资机制，引入资源有偿使用市场交易，按照"谁受益，谁补偿""谁保护，谁受益"原则，市场化生态产品价值，而这部分目前在我国税目中并未有效体现，作为收益纳入成本测算中，并将环境治理后带来的未来溢价提前锁定并用于生态环境治理，目前来看，试点整体资金情况较好，形成良好且可持续现金流。同时充分发挥企业的作用，构建生态产品交易机制，让生态环境治理成为社会责任。发挥政府调控作用，适度干预，调动市场积极性，机制更加灵活。

二、EOD 模式推进领域与路径创新

通过生态环境治理和罗汉果产业开发建设两大工程实现自然资本增值和产业增值。

一是通过产业开发项目建设，在延伸罗汉果横向产业链的同时，更加重视打造罗汉果垂直产业延伸，丰富罗汉果产业内涵，使围绕罗汉果产业的种植、加工（食品、医药、甜甙等深加工）、研发、销售的一、二、三产业能深度融合。

二是将生态环境治理项目和产业开发项目作为一个整体项目，由桂林经开投资控股有限公司作为一个市场主体整体实施，统筹推进，做好项目成本和收益的综合测算，融为一体，避免两类项目割裂实施。采用了 EPC 总承包+DBOO 相结合的市场一体化模式实施。实现短期投入与长期运营有机统筹，确保达成项目目标。

三是以罗汉果产业开发项目为主体，辅以生态环境治理项目，将生态环境治理项目作为罗汉果产业开发项目的一部分，通过环境治理带来的产业开发获得的收益反哺前期环境治理投入并实现一定利润，提高了企业参与环境治理的积极性，实现项目成本收益平衡。

四是探索环境敏感型产业聚集区开发项目与生态环境治理一体化实施方式，通过引入专业环境治理企业作为技术支撑的新模式，弥补实施主体在环境治理上的技术不足。

三、建立长效机制

EOD 项目是一个系统工程，涉及项目决策、设计、招投标、施工、竣工、运营等各个环节，桂林经济技术开发区管理委员会、桂林经开投资控股有限公司应从各自的管理职责与利益角度来明确其职责范围。桂林经济技术开发区管理委员会作为政策主体，负责 EOD 项目政策支持和指导、跟踪实施效果、协调交流、成果宣传等工作，并承担相应的责任。桂林经开投资控股有限责任公司作为实施主体，负责统筹调度 EOD 所有子项目规划、设计、投融资、建设管理、试生产、竣工验收、运营管护等工作，直至交付，并承担相应的责任。

第十一章

试点组织实施

一、建设阶段项目组织管理

为确保项目的顺利实施和按期完成，本项目按照基本建设程序及法律法规相关规定进行建设，确保项目的顺利实施。

（一）组织机构

本项目由依托项目承担单位组织建设，将根据项目情况成立项目管理公司。项目管理公司设立综合部、工程部、计划合同部、质量安全部等部门。人员配备在实施时完善。

（二）部门职责

1. 综合部

负责日常事务处理和后勤保障工作，包括文件收发、办公用品采购、交通工具安排和档案资料管理等。

2. 工程部

负责项目实施过程的技术协调和管理、推进工程的实施与控制。负责技术方案的协调管理，监督设计进度、设计质量。组织各阶段的设计评审，对技术方案进行技术审核。对设计变更进行控制管理，对影响设计的资料和设计成果资料进行管理。

进行工程的管理，为工程施工协调水、电、交通等方面事宜。监管工程施工，对施工组织方案、技术保证措施、安全卫生保证措施进行控制管理。监管施工进度，对施工中出现的问题进行协调处理。

3. 计划合同部

负责项目建设进度，进行工程设计、工程施工、工程监理、重要工程设备材料采购的招标管理，对设计、施工、监理、供货合同进行管理；进行项目资金筹措，审核工程款项的支出，资金统筹安排；进行财务管理，监管资金与合同落实与使用。

4. 质量安全部

负责项目质量安全工作，建立质量安全管理体系，监督、检查、解决质量安全问题，开展质量安全教育培训。

二、质量管理

项目将按《建筑法》《建设工程管理条例》《建设工程监理管理规定》等的规定进行建设，以确保工程质量。

三、资金筹集安排

项目资金的落实包括总投资费用的估算基本符合要求和资金来源有充分的保障。

四、竣工验收

建设项目按批准的设计文件规定的内容建设完成，验收检查合格后及时验收。

附件1

生态环境导向的开发模式试点项目申报表

试点名称	试点实施单位（盖公章）	联系人	联系电话	通信地址
桂林经开区罗汉果小镇生态环境治理与产业发展EOD项目	桂林经济技术开发区管理委员会	申晓敏	18978318285	桂林市永福县苏桥镇土榕路1号
	桂林经开投资控股有限责任公司	李雅琳	17777359330	桂林市永福县苏桥镇土榕路1号
一、试点内容与依托项目情况				
试点内容	本项目以"青龙湖-凤鸣湖-洛清江"水系生态廊道修复与桂林优势特色的罗汉果产业发展相融合，形成具有桂林特色的"水-果"型EOD模式，既通过创新型的生态账户体系，将经济效益较大的罗汉果特色产业与河湖水系治理、乡村振兴等生态环境保护类项目相关联。本项目实施主体明确、边界清晰，所有涉及项目均已完成可研批复、备案等立项工作 试点内容主要为：①建立以生态账户体系为基础的创新型生态补偿模式。由经开区政府主导建立一系列关于生态账户规则及制度体系，主要包括生态积分评估、交易、管理和监督等规则体系和平台。该模式避免了直接的货币补偿，取而代之的是直接的生态环境保护修复措施补偿，并以生态积分进行衡量，从而创新生态补偿模式	试点产出	①创新模式产出：本项目将创新性地引入生态账户（Eco-Account）模式，通过制定一系列有关生态账户的注册、评估、管理、交易和监督的相关规则，实现"污染者付费"的新的生态补偿模式。该模式将为政府、企业和社会提供一个全新的，更有生态意义的产业补偿生态的新模式，鼓励社会资本参与生态环境修复事业 ②生态环境治理产出：贯通9.5千米生态廊道，修复两处湿地生态核心；河湖水质维持在Ⅲ类水标准；区域雨洪调蓄能力提升至50年一遇标准；核心生态景观服务面积超过20平方千米；罗汉果种植面积提升至27万亩，显著提高林草覆盖率	

试点内容	②评估罗汉果全产业链生态积分影响状况，延伸罗汉果特色产业链，促进"两山"相互转化。首先，通过对罗汉果全产业链过程中的生态积分影响评估，反向促使罗汉果产业向生态友好、绿色低碳方向发展，尽可能降低生态环境影响，实现罗汉果二产、三产实现生态绿色化；其次，通过一产过程中的有机种植、生物多样性提升及水土保持等功能，评估生态积分增量，实现生态价值产业化。进而推动罗汉果产业链中的"两山"的相互转化 ③将水系生态廊道修复和罗汉果特色小镇发展一体化实施。在项目实施过程中，将罗汉果产业开发项目过程中的休闲观光农业、文化旅游项目、罗汉果产业加工及配套同生态环境作为一个整体项目，将公益性较强、收益性较差的生态环境项目与收益性较好的产业项目整体实施、统筹推进，作为一个项目进行成本和效益的测算，每个项目之间的关联纽带仍然是以生态账户平台进行相互关联的 ④构建不同主体宣传工作方案	试点产出	③社会及经济效益产出：显著改善城市生态环境面貌，增加产业发展吸引力；推动乡村振兴，实现共同富裕；推动形成500亿级的特色产业集群，培育新的经济增长极

续表

	依托项目名称	建设内容	投资金额（万元）	组织实施方式	实施进展
依托项目实施情况	青龙湖生态环境保护与修复工程	环湖步道、骑行车道15千米、设计路面宽2.5米；生态公园建设面积20.5万平方米；水生态系统构建面积48.0万平方米；生态滨水湖岸0.7万平方米；绿化亮化面积22.6万平方米（包含道路两侧绿化、绿化喷灌系统、路灯）；水生态环境综合治理6.67万平方米	53754.76	设计+建设+运营+拥有（DBOO模式）	已完成项目可研批复、备案等立项工作
	凤鸣湖生态环境保护与修复工程	环湖步道、骑行车道8千米、设计路面宽2.5米；生态公园建设面积15.0万平方米；水生态系统构建面积5.0万平方米；生态滨水湖岸0.35万平方米；绿化亮化面积16.5万平方米（包含道路两侧绿化、绿化喷灌系统、路灯）。水生态环境综合治理3.0万平方米	23743.28	设计+建设+运营+拥有（DBOO模式）	已完成项目可研批复、备案等立项工作
	罗汉果文化展示水街工程	建筑工程面积153816平方米；安装工程面积153816平方米，包含消防、电气、弱电、室内排水工程；室外配套基础设施包含道路及广场硬化面积54622平方米；绿化亮化工程37687平方米；室外综合管线和环卫设施。新建青龙湖至凤鸣湖连通水系线路总长2.59千米（包含建筑物包括提水泵站1座、溢流坝及控制闸1座、消力池1处、圆形检查井12座、矩形检查井8座等）；生态驳岸2000米；两岸河沟水体改造2000米；步道建设2000米；绿化亮化工程2000米（包含两侧绿化、绿化喷灌系统、路灯）	69433.28	设计+建设+运营+拥有（DBOO模式）	已完成项目可研批复、备案等立项工作

续表

依托项目实施情况	依托项目名称	建设内容	投资金额（万元）	组织实施方式	实施进展
	乡村振兴示范区	塘料村：①公益配套工程：村委会建筑面积4400平方米；养老院建筑面积3215平方米；医务室、活动中心建筑面积1637平方米；农贸市场建筑面积8325平方米；幼儿园建筑面积1574平方米；②主体安装工程：总面积19151平方米，包括消防、电气、弱电、室内给排水等。③室外配套基础设施工程：道路及广场硬化面积3830平方米；绿化亮化工程面积3500平方米；室外综合管线面积15321平方米；环卫设施面积15321平方米。④市政工程：整治道路面积30000平方米；新修道路面积18000平方米；新建给水管网DN150长度2400米；新建雨水管网长度1800米；新建排污管网（De315）长度4800米。⑤旧村容貌立面改造250户	15244.44	设计+建设+运营+拥有（DBOO模式）	已完成项目可研批复、备案等立项工作
		烟厂屯：①公益配套工程：新建文化中心建筑面积2246.9平方米；新建村委会、幼儿园建筑面积1328.4平方米。②主体安装工程：总面积3575.3平方米，包括消防、电气、弱电、室内给排水等。③室外配套基础设施工程：道路及广场硬化面积1800平方米；绿化亮化工程面积2500平方米；室外综合管线面积2000平方米；环卫设施面积2000平方米。④市政工程：整治道路面积6000平方米；新修道路面积3000平方米；新建给水管网（DN150）长度400米；新建雨水管网长度300米；新建排污管网（De315）长度800米。⑤旧村容貌立面改造41户		设计+建设+运营+拥有（DBOO模式）	已完成项目可研批复、备案等立项工作

续表

	依托项目名称	建设内容	投资金额（万元）	组织实施方式	实施进展
依托项目实施情况	罗汉果产业生态园区工程	罗汉果生态加工园：①建筑工程总面积15.0万平方米。②安装工程总面积15.0万平方米，包括消防、电气、弱电、室内给排水等。③室外配套基础设施工程：道路及广场硬化面积3.98万平方米；绿化亮化工程面积2.325万平方米；室外综合管线面积13.3万平方米；环卫设施面积13.3万平方米。生态办公区：①建筑工程：研发办公楼面积0.5万平方米；检测中心面积0.5万平方米。②安装工程总面积0.12万平方米，包括消防、电气、弱电、室内给排水等。③室外配套基础设施工程：道路及广场硬化面积0.12万平方米；绿化亮化工程面积0.072万平方米；室外综合管线面积0.48万平方米；环卫设施面积0.48万平方米。罗汉果交易中心：①建筑工程总面积1.5万平方米。②安装工程总面积1.5万平方米，包括消防、电气、弱电、室内给排水等。③室外配套基础设施工程：道路及广场硬化面积0.511万平方米；绿化亮化工程面积0.2835万平方米；室外综合管线面积1.85万平方米；环卫设施面积1.85万平方米。	70930.87	设计+建设+运营+拥有（DBOO模式）	已完成项目可研批复、备案等立项工作

	依托项目名称	建设内容	投资金额（万元）	组织实施方式	实施进展
依托项目实施情况	罗汉果小镇配套设施及市政公用设施	（1）居住社区：①建筑工程总面积4.0万平方米。②安装工程总面积4.0万平方米，包括消防、电气、弱电、室内给排水等。③室外配套基础设施工程：道路及广场硬化面积0.7万平方米；绿化亮化工程面积0.495万平方米；室外综合管线面积3.533万平方米；环卫设施面积3.533万平方米。 （2）公租房：①建筑工程总面积1.0万平方米。②安装工程总面积1.0万平方米，包括消防、电气、弱电、室内给排水等。③室外配套基础设施工程：道路及广场硬化面积0.22万平方米；绿化亮化工程面积0.13万平方米；室外综合管线面积0.70万平方米；环卫设施面积0.70万平方米。 （3）邻里汇：①建筑工程总面积0.5万平方米。②安装工程总面积0.5万平方米，包括消防、电气、弱电、室内给排水等。③室外配套基础设施工程：道路及广场硬化面积0.11万平方米；绿化亮化工程面积0.065万平方米；室外综合管线面积0.35万平方米；环卫设施面积0.35万平方米。 （4）热能管网：覆盖面积59.25万平方米。 （5）污水预处理站：处理规模5000m³/d一座。 （6）污水处理厂扩容、提标：处理规模10000m³/d一座。 （7）污水处理尾水净化扩容：处理规模10000m³/d一座。 （8）市政道路（含管网）：长度7.95千米。	54958.34	设计+建设+运营+拥有（DBOO模式）	已完成项目可研批复、备案等立项工作

续表

生态环境治理与关联产业融合发展及反哺情况说明	以罗汉果产业开发项目为主体,辅以生态环境治理项目,基于生态账户体系平台,以产业开发过程造成的生态积分的损失为依据,制定相应的生态补偿标准,并对规定范围内的水系生态廊道进行修复性补偿,从而实现产业发展对生态环境的直接性补偿。该模式将实现在项目边界范围内的整体收益与成本平衡,不需要政府资金投入,具有较强的抗风险能力。一方面,本试点产业项目收益每年可提取 10472.60 万元反哺生态环境持续改善,保障罗汉果小镇生态产业与生态环境良性循环发展,项目反哺能力强。另一方面,为桂林集聚财力,保护漓江,间接推动实现习近平总书记在桂林考察时的嘱托,促进"两山"相互转化

二、资金筹措情况

项目总投资（万元）	其中					
	中央财政资金	地方财政资金	社会资本投入	银行贷款	项目债券融资	其他形式融资
288064.97		10000	68000	180000		30064.97

三、政策机制创新内容

　　与传统的实施方式相比,试点在生态环境治理投融资机制、环境治理成效、推进路径和组织管理方式等方面有较大的差异性。主要体现在:制定产业发展与生态环境治理的相关管理的生态账户体系,强化生态环境治理与产业开发一体化理念;实现生态价值与产业经济深度融合,并创新生态补偿模式;实施多组合全过程质量管理运作模式;探索创新生态价值作为投融资模式,利用社会资本积极参与生态环境治理

四、预期效益分析

　　本项目的预期收益主要为模式创新效益、生态环境效益、社会效益及经济效益三方面。模式创新效益:本项目将创新性地引入生态账户（Eco-Account）模式,该模式将为政府、企业和社会提供一个全新的、更有生态意义的产业补偿生态的新模式,更有利于鼓励社会资本参与生态环境修复事业;生态环境效益:片区级生态廊道得以打通,形成经开区主要绿地系统网络,河湖水质环境得到改善,满足Ⅲ类水标准,形成两处城市级湿地生态核心,生物多样性得到提高;社会效益及经济效益:显著改善城市生态环境面貌,增加产业发展吸引力,推动乡村振兴,实现共同富裕,推动形成 500 亿级的特色产业集群,形成桂林市新的经济增长极

填表人:	申晓敏	联系方式:	18978318285

备注:实施进展为完成可研批复（或备案）、初步设计、招投标、在建、设备安装调试、竣工验收、投入运营

附件2

《桂林经开区 2022 年重大项目建设实施方案》
通知文件

中共桂林经济技术开发区工作委员会办公室　桂林经济技术开发区管理委员会办公室关于印发《桂林经济技术开发区 2022 年重大项目建设实施方案》的通知（经办发〔2022〕1 号）

中共桂林经济技术开发区工作委员会

办 公 室 文 件

经办发〔2022〕1号

中共桂林经济技术开发区工作委员会办公室
桂林经济技术开发区管理委员会办公室
关于印发《桂林经济技术开发区2022年
重大项目建设实施方案》的通知

经开区各局（办）、经开控股公司：

现将《桂林经济技术开发区2022年重大项目建设实施方案》印发给你们，请认真贯彻执行。

附件：1. 桂林经济技术开发区2022年重大（前期）项目投资
计划表
2. 桂林经济技术开发区2022年重大（新建）项目投资
计划表

— 1 —

3. 桂林经济技术开发区2022年重大（续建）项目投资
   计划表

4. 桂林经济技术开发区2022年重大（竣工投产）项目
   投资计划表

中共桂林经开区工委办公室

桂林经开区管委办公室
2022年4月13日

桂林经济技术开发区
2022年重大项目建设实施方案

为全面贯彻落实自治区第十二次党代会、十二届二次全会暨经济工作会议、市第六次党代会部署要求，坚持"政策为大、项目为王、环境为本、创新为要"，以桂林打造世界级旅游城市为统领，紧紧围绕"强龙头、补链条、聚集群"工作思路，打好项目建设攻坚战，确保全面完成2022年党工委、管委会下达的重大项目建设目标任务，推动桂林经开区工业高质量发展，特制定本方案。

一、主要目标

2022年桂林经开区需准确把握新发展阶段、抢抓用好新发展机遇、深入贯彻新发展理念、加快融入新发展格局。提高政治站位，将思想统一到市委、市政府和党工委、管委会的决策部署上来，调动一切可以调动的资源要素、用好一切可以利用的政策举措、释放一切可以挖掘的潜力潜能，进一步谋准、谋实、谋细重大项目，强化衔接对接，力争桂林经开区工业领域更多项目纳入自治区、桂林市的"盘子"，全力打好工业振兴这场硬仗，为振兴桂林工业作出积极贡献。

二、工作任务

经开区2022年重大项目分为自治区层面重大项目、市领导联系重大项目、市级层面重大项目、经开区层面重大项目四类推进。

（一）自治区层面统筹推进重大项目

— 3 —

2022 年自治区层面统筹推进重大项目 10 项，总投资 154.17 亿元，年度计划投资 36.98 亿元。其中续建项目 6 项，华为信息生态产业合作区基础及配套设施项目（一期）、罗汉果小镇、深科技智能制造产业园、桂林工人疗养院永福基地项目（一期）、桂林经济技术开发区教育产业园项目、苏罗路改造工程项目，年度计划投资 32.71 亿元；新开项目 4 项，苏桥永福生态大道工程（Ⅰ标苏桥段）、苏桥永福生态大道工程（Ⅱ标连接段）、苏桥永福生态大道工程（Ⅲ标永福段）、秧苏路（苏罗路—笋岗北路段）工程，年度计划投资 4.27 亿元。

（二）市级层面统筹推进重大项目

2022 年列入市级层面统筹推进重大项目 50 项，总投资 517.58 亿元，年度计划投资 72.59 亿元。

（三）经开区 2022 年重大项目

2022 年经开区重大项目共 145 项，总投资 580.47 亿元，年度计划投资 78.01 亿元。其中：前期项目 33 项，总投资 275.18 亿元，年度投资 2.90 亿元；新开项目 46 项，总投资 183.77 亿元，年度计划投资 39.82 亿元；续建项目 24 项，总投资 95.84 亿元，年度计划投资 24.21 亿元；竣工项目 42 项，总投资 25.68 亿元，年度计划投资 11.08 亿元。

三、工作措施

（一）加强领导，统一管理。一是加强项目建设领导制度，按照"一个项目、一名领导、一个工作专班、一套定制方案"的

"四个一"建设机制，项目建设由工作专班统一指挥管理。二是加强项目建设目标细化，各工作专班要根据年度建设目标任务，进行分解和细化，层层分解责任，将具体责任落实到人，做到责任主体明确，完成时限明确。三是加强项目建设月报制度，重大办每月收集、梳理重大项目建设进度、存在问题及解决措施，反馈给相关责任领导。各工作专班要围绕年度建设目标，前移服务窗口，深入项目建设一线，现场协调解决实际问题。

（二）强化要素，夯实基础。一是强化解决建设用地指标，根据经开区重点发展区域及重点发展产业，切实做好用地报批工作，保障经开区建设用地需求；并通过编制土地储备计划，充分发掘规划范围内的土地储备潜力，实现土地节约集约利用；同时对园区内已供土地进行实时监控，做好土地供应和开发利用违约违规预警信息处置工作。二是强化筹措项目建设资金，争取国家、自治区、桂林市进一步加大对经开区的资金支持力度，积极申报各类财政补贴；构建政银企合作平台，引导银行信贷资金向经开区重大项目倾斜，扩大贷款规模；进一步发挥各类投融资平台作用，促成符合条件的重大项目申报政府专项债券。三是加强与永福县、临桂区的沟通协调，理顺财税关系，争取尽快将属于经开区的税收分享返还，用于项目建设。

（三）创新审批，健全制度。一是创新前期工作审批，经开区各部门要按照 "双容双承诺" 制度，对重大项目实施并联审批，缩短审批时限，加快项目落地开工。二是健全信息报送制度，各

— 5 —

项目专班对项目推进建设中存在的困难问题要及时向专班领导汇报，确保"一般问题不过夜、疑难问题不过周"。

（四）大胆工作，务求实效。一是树立强烈的责任感与使命感，以"政策为大、项目为王、环境为本、创新为要"为指引，以振兴桂林工业为己任，更新观念，大胆工作，狠抓落实。二是注重实效，各工作专班迅速行动，深入建设一线，推进项目要有思路、有办法，以只争朝夕、奋勇担当的气魄，抓紧项目建设这个"牛鼻子"，在经开区范围内掀起重大项目建设的新攻势、新热潮。

（五）强化督察，落实责任。一是加大对项目存在问题的协调处理力度，加强对项目建设全过程的监督，确保项目按期实现开竣工，各项建设进度达到计划要求。二是对由于不作为、假作为、慢作为、乱作为导致项目进展缓慢的，责令限期整改，对整改不力的，要通报批评，并约谈该工作专班领导，情节严重的，要对相关责任人进行问责。

中共桂林经济技术开发区工委办公室　　2022 年 1 月 13 日印发

附件1

桂林经济技术开发区2022年重大（前期）项目计划投资表

编制单位：经开区重大项目办公室　　　　　　　　　　　　　　　　　　　　　　　　　制表日期：2022.1.13　　单位：万元

序号	项目名称	主要建设内容及规模	建设年限	建设性质	总投资	2022年计划投资	2022年工作内容	项目用地规模需求（亩）	新增建设用地需求（亩）	国土空间规划建设规模需求（亩）	耕地占补需求（亩）水田	耕地占补需求（亩）旱地	项目业主	联系人及电话	工作专班/责任部门、责任领导、联络员
	33项	前期项目33项，总投资275.18亿元，年度投资2.90亿元。			2731760	29000		4179	879	587	403	52			
	一、产业项目				1800650	10600		2065.56	670.98	441	292.7	48.038			
	（一）魁塘片区	1项			10000	2000		36.6	0						
1	经华高新产业研发基地项目	项目规划用地约36.6亩，选址位于华为合作区华郊智测地块东侧。主要建设研发大楼及实验室，项目建成后由研发团队申请各项科研经费费用金支付仪器设备，引进华为光尖及先锋行业软件的园区产业研发集群，吸引高科技业研制转化、孵化。二次开发使项目基地产业研发。项目建成后实现年科产值约2亿元，年综合税收约1000万元，新增就业岗位约100个。	前期		10000	2000	启动项目前期工作。	37	0	0	0	0	桂林市经华高新技术产业研究院	周静 13978366153	责任部门：建设局 经开控投 责任领导：朱秀勇 孔庆松 联络员：李军州
	（二）苏桥片区	5项			290650	3200		40	30	0	30	0			
1	桂林经开区罗汉果小镇休生态环境治理与产业开发EOD项目	项目总投资28.15亿元，在罗汉果小镇规划范围内，试点公益性收储、收益性的生态环境治理项目与收益较好的关联产业一体化实施。主要建设内容大类：一是生态环境保护与修复实施项目4个，包括推进龙潭江治水清水工程、关针科利斯治理工程。二是产业开发项目6个，主要为罗汉果产业生态园区建设、罗汉果小镇配套健康及休健性息引结基及工产、新无配套的道路管网、污水预处理厂、污水厂管污厂处理配套、风鸣塘调蓄及通给排土地用整理工程。本项目产值预测年利率经益约42484.00万元，年可提取约672.60万元反哺生态环境持续修缮运维，保障罗汉果小镇生态产业与生态环境良性循环发展。	2022-2024		282750	0	1.完成申报工作，争取列入国家EOD项目库。 2.推进项目《桂林经开区罗汉果小镇生态环境治理与产业开发EOD项目实施方案》编制与可研工作，使项目纳入国家EOD项目计划库。 3.按实施推进各阶段前期服务分项目可研、规划等前期工作开展，符合条件的项目积极落实建设。						经开控投公司	李覆旅 17777258850	组长：覃大文 副组长：黄康成 朱卫国 办公室主任：申敬华 责任部门：生态环境局 覃成成（行政审批局） 姚江飞（控发知） 朱秀勇（建设局） 黄荐（自然资分局） 卢宝兰（招商与投资服务中心） 吴长力（重大办） 李雅赫（经开控投） 赵博光（经开控投） 谭峰（经开控投） 文星（生态环境局）
2	城市污泥协同处置项目及供热蒸汽综合利用开发项目	项目建成大型燃烧锅炉热负荷容量大、超低排放环保的平台，发展新型热源技术，开展城市生活污泥干化处理，实现100%无害化处理，供热蒸汽综合利用用项目投资约2000万元，就包头从国电永福发电有限公司购买一条8MW的饱和蒸汽通过苏桥段供热蒸，满足其工业园区企业的负荷需求。	前期		5000	2000	完成前期工作。		0	0	0	0	国能永福发电有限公司	何桐军 15873347907	责任部门：生态环境局 责任领导：朱卫国 联络员：文星
3	年产12万支六圆瓶板技改项目	项目规划用地约30亩，选址位于541地块（延续华公司建设区南面），新建液压厂厂房、原材料厂房、同时配置短圆板吹吸生成车间，建设年产12万件吹吸成改项目，项目建成投产后，预计年产值达1.8亿元，实现年利税约4000万元，可提供约100个就业岗位。	前期		600	100	办理完成土地占用指标与可研，并开展项目前期工作。	30	30	0	30	0	桂林群益环保科技有限公司	周穗 18977337702	责任部门：自然资源分局 责任领导：吴兴龙 联络员：周宁
4	钻床加工（制造）销售塑料品项目	项目用地选址位于桂林经开区锦龙工业园专业中学旁的自有土地（4227㎡），主要建设塑料板、塑料膜、塑料管的生产。项目建成后，实现年产值约100%塑料制品生产能力，预计实现年产能和产值约130万元，一年后年销售收入最超130万元，预计按产年产值达130万元。实现税约6万元，实现就业岗位约15个。	前期		300	100	力争完成前期工作，开始地施工。	0.4	0	0	0	0	桂林纶改塑料科品有限公司	王乃云 13457306982	责任部门：建设局 责任领导：朱秀勇 联络员：谭城
5	桂林为晶硬质材料高速精智管理中心	项目规划用地约10亩，主要建设生产年产100件套硬质材料高速高精智能加工中心生产线，项目建成达产后年产值约3000万元，实现年税收约1000万元，新增就业岗位约100个。	前期		2000	1000	完成前期工作，力争启动项目建设。	10		未正式选址			桂林方晶新材料科技有限公司	丁进保 13707738499	

附件3

桂林经开区罗汉果小镇生态环境治理与产业发展 EOD 项目管理办法（暂行）

桂林经济技术开发区管理委员会

桂林经开区罗汉果小镇生态环境
治理与产业发展EOD项目管理办法（暂行）

第一章 总则

第一条 为贯彻落实《关于推荐第二批生态环境导向的开发模式试点项目的通知》（环办科财函〔2021〕468号）要求，做好生态环境导向的开发（EOD）模式试点工作，特制定本办法。

第二条 本办法适用于桂林经济技术开发区管理委员会管理的"桂林经开区罗汉果小镇生态环境治理与产业发展EOD项目"（以下简称"EOD试点项目"）。

第三条 为加强统筹协调，加快推进EOD试点项目规范实施，及时总结、报送试点实施经验与成效，应建立EOD试点项目实施长效机制。

第四条 EOD试点项目在实施中需作为一个整体项目，按照有关要求由桂林经开投资控股有限责任公司一体化实施，实现产业开发项目对生态环境治理项目的收益反哺。

第五条 EOD试点项目建设内容必须符合国家和地方有关政

策要求，按照招投标、投融资、土地等各项政策和规定要求执行，不增加地方政府隐性债务。

第六条 EOD试点项目实施中若有调整，及时向生态环境部、国家发展改革委等部门报备。

第二章 责任分工

第七条 桂林经济技术开发区管理委员会作为政策主体，负责EOD试点项目政策支持和指导、跟踪实施效果、协调交流、成果宣传等工作，并承担相应的责任。

第八条 桂林经开投资控股有限责任公司作为实施主体，负责统筹调度EOD试点项目所有子项目的设计、项目建议书、可行性研究、投融资、工程施工、试生产、竣工验收、运营维护等工作，直至交付，并承担相应的责任。

第三章 组织实施

第九条 EOD试点项目采用定期统一报送材料的办法，由桂林经济技术开发区管理委员会、桂林经开投资控股有限责任公司抽调固定人员成立工作专班，桂林经济技术开发区管理委员会负责统一实施调度汇总，并统筹安排下一阶段工作计划。

第十条 桂林经济技术开发区管理委员会针对EOD试点项目

工作目标和任务，制定和协调落实市场主体一体化实施的有利政策、环境，根据出现的问题或瓶颈，提出相应的解决方案，确保EOD试点项目顺利推进。

第十一条 桂林经开投资控股有限责任公司在桂林经济技术开发区管理委员会的领导下，按既定目标计划统筹推进，并对实施效果承担责任。

第十二条 桂林经济技术开发区管理委员会与桂林经开投资控股有限责任公司成立专项资金办公室，对通过EOD试点项目所争取的国家开发银行等贷款资金以及产业收益，按照透明公开、合法合规的要求使用资金，不得挪作他用，双方共同接受审计监督和上级财政部门监管。

第十三条 EOD试点项目工作成果由桂林经济技术开发区管理委员会、桂林经开投资控股有限责任公司共享，双方负有保密义务，未经许可，不得泄露。

第四章　附则

第十四条 本办法未尽事宜由桂林经济技术开发区管理委员会予以规定和补充。执行中可根据实际情况修改完善。

桂林经济技术开发区管理委员会

2021年11月15日

图 2-1　试点区范围及区位图

图 2-2　桂林经开区区位示意图

165

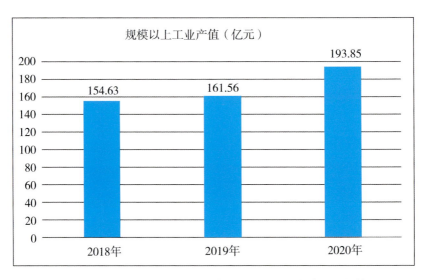

图 2-3　桂林经开区 2018—2020 年规模以上企业年产值增加情况

图 2-4　永福特色农产品——罗汉果

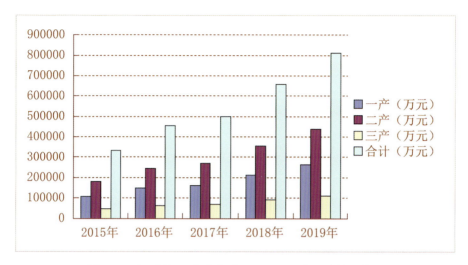

图 2-5　广西罗汉果产业集群 2015—2019 年总产值示意图

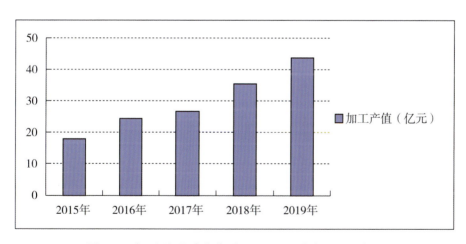

图 2-6　广西罗汉果产业集群 2015—2019 年加工业总产值

图 2-7　广西罗汉果产业集群产业链体系示意图

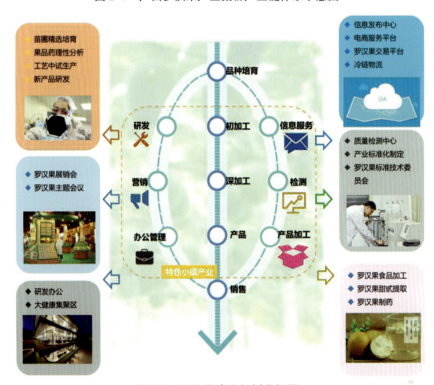

图 2-8　罗汉果产业规划分析图

图4-1　生态账户体系的作用和挑战

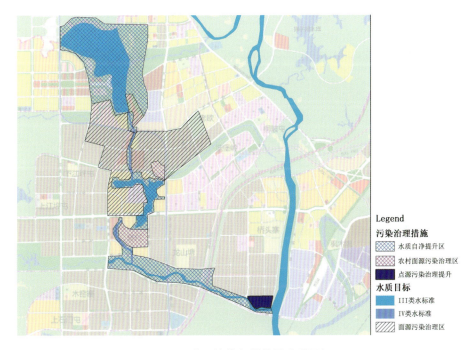

图4-2　水环境修复措施及水质目标

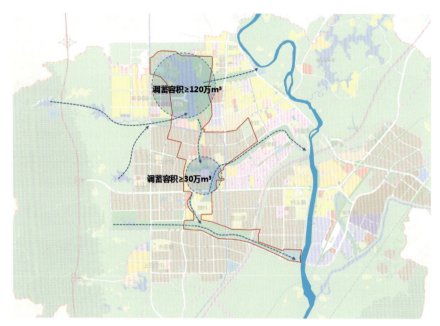

图 4-3　内涝调蓄能力及排水通廊

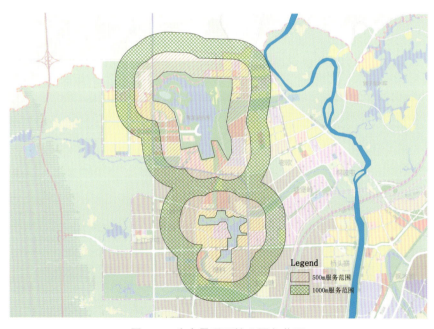

图 4-4　生态景观区核心服务范围

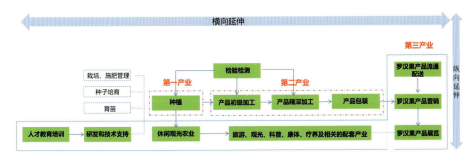

图 5-1　罗汉果产业链延伸分析图

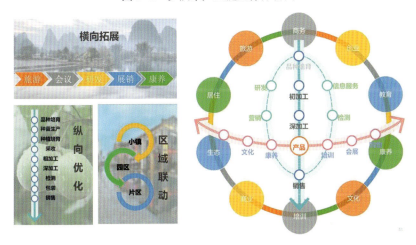

图 5-2　罗汉果产业链多方位拓展分析图

图 5-3　罗汉果全产业链生态积分影响

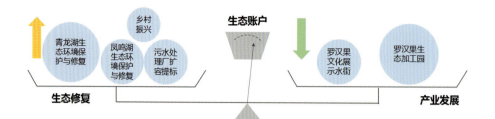

图 5-4 生态账户协调模式图

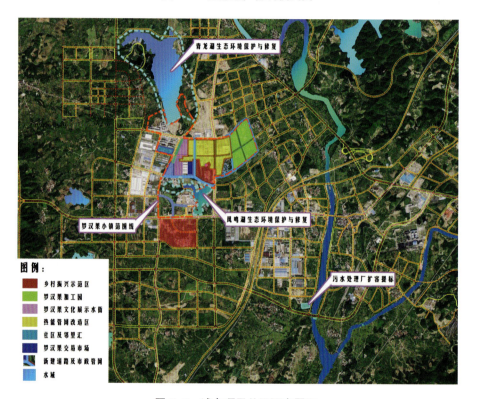

图 5-5 试点项目总平面布置图

图 5-6　青龙湖治理前

图 5-7　青龙湖现状

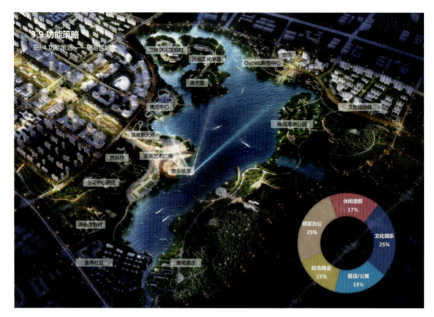

图 5-8　青龙湖规划效果图

图 5-9　凤鸣湖水质治理前

图 5-10　凤鸣湖水质治理前

图 5-11　凤鸣湖规划效果图

图 5-12　水街建设前实景

图 5-13　罗汉果文化展示水街鸟瞰图

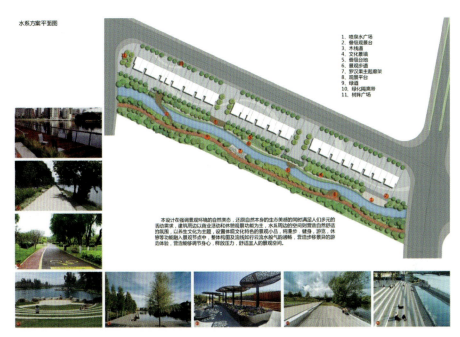

图 5-14 罗汉果文化展示水街意向图

图 5-15 罗汉果文化展示水街效果图

图 5-16　塘料村治理前

图 5-17　塘料村治理前

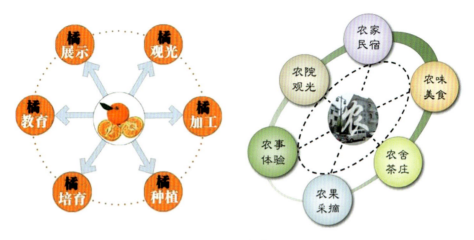

图 5-18 砂糖橘文化、农耕文化发展分析图

图 5-19 塘料村总平面规划图

179

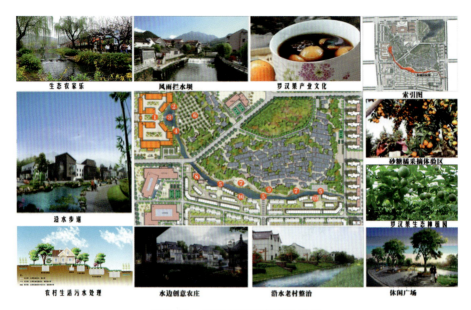

图 5-20 塘料村规划节点效果图

图 5-21 塘料村整体规划鸟瞰图

图 5-22　烟厂坪村入口治理前

图 5-23　烟厂坪村治理前

总平面规划图 1:1000

图 5-24 烟厂坪村总平面规划图

图 5-25 烟厂坪村整体规划鸟瞰图

图 5-26　罗汉果小镇整体规划鸟瞰图

图 5-27　罗汉果生态加工园效果图

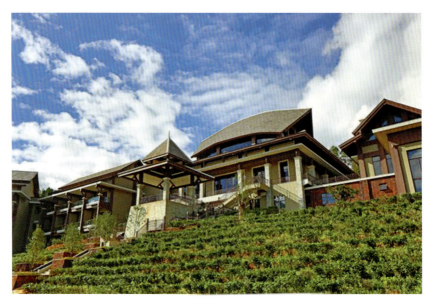

图 5-28   生态办公区效果图

图 5-29   居住社区鸟瞰图

图 5-30　居住社区效果图

图 5-31　邻里汇中心透视图

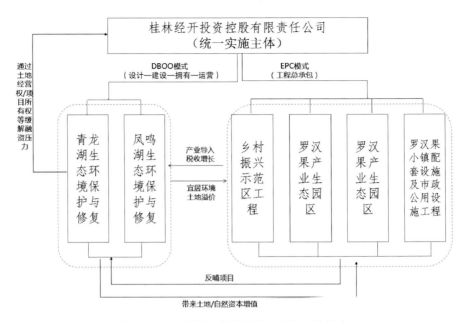

图 5-32　各项目之间协调及一体化实施模式